Cementos y hormigones

Francisca Puertas Maroto

Colección ¿Qué sabemos de?

CATÁLOGO DE PUBLICACIONES DE LA ADMINISTRACIÓN GENERAL DEL ESTADO:
HTTPS://CPAGE.MPR.GOB.ES

© Francisca Puertas Maroto, 2024
© CSIC, 2024
http://editorial.csic.es
publ@csic.es
© Los Libros de la Catarata, 2024
Fuencarral, 70
28004 Madrid
Tel. 91 532 20 77
www.catarata.org

ISBN (CSIC): 978-84-00-11241-7
ISBN ELECTRÓNICO (CSIC): 978-84-00-11242-4
ISBN (CATARATA): 978-84-1352-923-3
ISBN ELECTRÓNICO (CATARATA): 978-84-1352-924-0
NIPO: 155-24-011-2
NIPO ELECTRÓNICO: 155-24-012-8
DEPÓSITO LEGAL: M-3.280-2024
THEMA: PDZ/TNK/TNKX

Quiero agradecer a mi familia su apoyo constante, en especial a mi madre, a mi marido, Manolo, y a mis hijos, Carlos y Lucía.

También a mi editora, Arantza Chivite, por sus acertados consejos y excelente trabajo profesional.

Por supuesto al CSIC, a Editorial CSIC y al Instituto de Ciencias de la Construcción Eduardo Torroja (IETcc-CSIC), donde he realizado toda mi carrera científica. Especial reconocimiento quiero dar a mis compañeras y compañeros del grupo de investigación Química del Cemento del IETcc, con los que tanto he trabajado y aprendido. Hago una mención especial al profesor Tomás Vázquez, que fue mi mentor y un gran amigo, y al que nunca podré dejar de agradecer su ayuda y consejos.

En definitiva, a todas aquellas personas que a lo largo de tanto tiempo han estado cerca de mí y me han ayudado a llegar a este momento.

Índice

Introducción

El cemento Portland, llamado así por su color gris parecido al de las piedras de la isla de Portland, al sur de Inglaterra, y su hormigón forman parte de nuestra vida, aunque, en muchas ocasiones, no nos demos cuenta. Con ellos se ha construido el edificio y la casa en la que vivimos; las escuelas y universidades; los centros de salud y hospitales en los que nos tratan y curan las enfermedades; en las carreteras, puentes, aceras y calles por las que circulamos, paseamos, hacemos compras, nos divertimos, socializamos...; en las estaciones de tren y en los aeropuertos y sus pistas de aterrizaje que usamos para viajar; en la construcción de presas, canalizaciones del agua y los sistemas de saneamiento y depuración, como sistemas de inmovilización de residuos radiactivos, que nos aseguran agua, salubridad, higiene y seguridad; en edificios industriales, en las fábricas que nos permiten progresar... En definitiva, allí donde miremos, estos materiales de construcción están haciendo que nuestras vidas sean mejores y más seguras.

Ambos han sido y son trascendentes (desde su producción masiva en los siglos XX y XXI) en edificación e infraestructuras para la mejora de la calidad de vida de las personas y como vehículo para la comunicación entre los pueblos y las sociedades, en la transmisión de la educación y cultura y para el desarrollo económico de los países. Pocos materiales han tenido tanta influencia en el desarrollo de las sociedades en el último siglo como el cemento Portland y su hormigón. No se podría entender el mundo actual sin ambos materiales. Los datos demuestran que el hormigón de cemento Portland es el segundo producto más empleado por el ser humano en el mundo después del agua. Es el material de construcción más empleado a nivel mundial (tal y como puede verse en el gráfico 1). Prácticamente, su empleo supone (en las últimas décadas), junto con el cemento para no uso en hormigón, casi la mitad del total de los otros materiales de construcción utilizados como la cerámica, el vidrio, el yeso, los áridos, el ladrillo, la madera y el acero.

GRÁFICO 1

Utilización global de materiales de construcción por año (billones de toneladas, t).

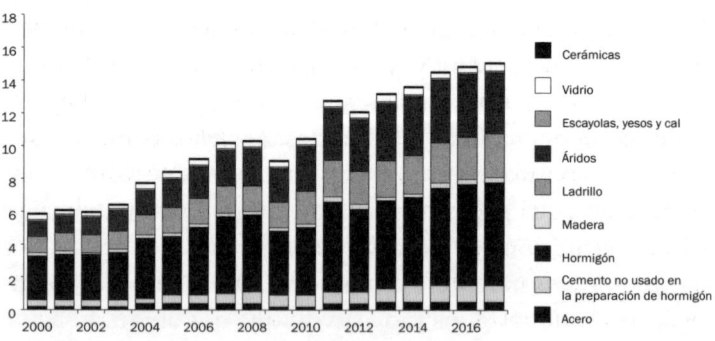

FUENTE: HUANG ET AL. (2020).

Para la fabricación del cemento Portland y sus hormigones se emplean materias primas localmente disponibles, y son, además, materiales de construcción de larga duración y resistentes frente a condiciones ambientes de severidad y desastres naturales (terremotos, inundaciones, movimientos de tierra, etc.), protegiendo a las personas y su entorno en estas circunstancias difíciles. Son materiales en continua transformación e innovación, de manera que tanto los cementos como los hormigones son materiales cuyas prestaciones han continuado siendo mejoradas y se han adaptado a las nuevas tecnologías. En la actualidad, hay cementos y hormigones modernos con una alta innovación y versatilidad para muy diferentes y diversas aplicaciones estructurales y no estructurales. Ambos materiales están tan presentes en nuestras vidas que no los reconocemos ni les damos la importancia que tienen. Es necesario ponerlos en valor por la trascendencia que han tenido y tienen en el desarrollo de las sociedades, en especial desde la patente del cemento Portland a finales del siglo XIX y su producción masiva desde mediados del siglo XX hasta nuestros días.

Además, el hormigón es un material de futuro, ya que las previsiones de la ONU para el año 2060 son que la población mundial se habrá multiplicado por 4 con respecto a la que había en 1950. Esto supone que se necesitarán muchas y mejores infraestructuras, viviendas y demás construcciones para satisfacer las necesidades de esta población (en especial en India, China y países en desarrollo) y ello supone fabricar más materiales de construcción, en especial hormigón y, por tanto, más cemento Portland. Estas previsiones de mayor producción en el futuro de cemento (serían comparables las de hormigón) se pueden ver en el gráfico 2.

Hay que tener en cuenta que el hormigón de cemento Portland, debido a su elevada producción y consumo, es responsable de la utilización de una gran cantidad de materias primas naturales, de elevados consumos de energía y agua, de la generación de residuos cuando se acaba su vida útil y de emisiones de gases de efecto invernadero, aspectos que están contemplados en la consecución de la construcción sostenible y en las hojas de ruta de la UE para reducir la huella de carbono en la producción y consumo de estos materiales mediante la Ley Europea del Clima y el Pacto Verde Europeo. En este sentido, tanto el sector industrial como la comunidad científica están implicados en conseguir cementos y hormigones más sostenibles y ecoeficientes para asegurar su sostenibilidad y viabilidad en un futuro cercano.

GRÁFICO 2

Producción de cemento pasada, presente y prevista (Mt/año producida: registros y estimaciones).

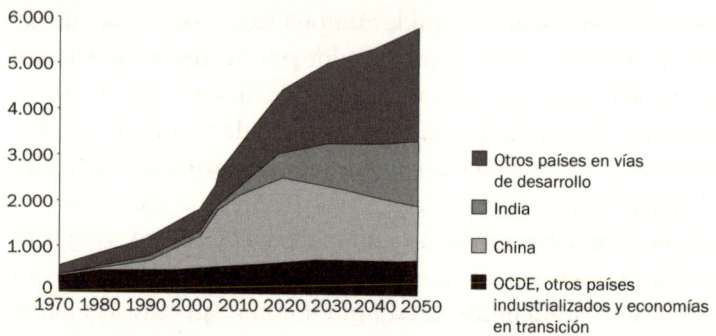

FUENTE: AHMAD ET AL. (2021).

Sin embargo, ¿se sabe qué es un cemento Portland y su hormigón? ¿Qué diferencia hay entre ellos? ¿Qué materiales había antes del cemento Portland? ¿Cómo se ha llegado al desarrollo y mejora de estos cementos y hormigones? ¿Qué repercusión tienen estos materiales en el medioambiente? ¿Qué innovaciones se han producido y tienen que introducirse para mejorar las prestaciones y ser materiales más sostenibles y con menor huella de carbono en un futuro cercano? Estas son preguntas que intentaremos contestar en este libro.

En el capítulo 1 se definirán conceptos básicos sobre cemento y hormigón, estableciendo su etimología, su diferencia y sus tipos. En el capítulo 2 se hará un repaso rápido a materiales de construcción antiguos, previos al cemento Portland, como son la piedra natural, el adobe, el ladrillo, el yeso o la madera. Algunos de estos se siguen empleando en la actualidad, y debido a razones medioambientales y de sostenibilidad se está potenciando su uso, como es el caso de la madera. Hay un apartado en este capítulo dedicado a los morteros y hormigones de cal romanos por la innovación que supusieron respecto a materiales de construcción previos, y por las características tan extraordinarias que tenían los romanos como constructores y arquitectos.

En el capítulo 3 se hará una descripción detallada del proceso de fabricación de los cementos Portland (crudo de cemento, tratamiento térmico y molienda, y preparación del cemento) y de su proceso de hidratación, describiendo los principales productos de reacción y los desarrollos microestructurales que se generan en las pastas de cemento que explican las propiedades resistentes y durables de estos materiales. También se presentarán otros cementos diferentes al Portland con características y aplicaciones especiales.

El capítulo 4 es específico sobre hormigones de cemento Portland, describiendo sus componentes, su fabricación y puesta en obra, así como sus características y propiedades de resistencia y durabilidad. Se detallarán los diferentes tipos de hormigón según las aplicaciones que se les quieran dar y se apuntarán los hormigones especiales y más innovadores.

El capítulo 5 está dedicado a describir el efecto que tienen los procesos de fabricación y producción del cemento y del hormigón sobre el cambio climático y las actuaciones que se están proponiendo y ejecutando, a nivel europeo y español, para conseguir reducir la huella de carbono asociada a la producción y consumo de estos materiales.

Finalmente, habrá un capítulo de bibliografía recomendada para todos aquellos lectores que quieran ampliar o completar la información dada en este libro.

¿Qué es un cemento? ¿Y un hormigón?

La RAE recoge hasta cuatro acepciones del vocablo "cemento". La primera de ella es: "Mezcla formada de arcilla y materiales calcáreos, sometida a cocción y muy finamente molida, que mezclada a su vez con agua se solidifica y endurece". Esta definición es la más cercana a la del conocido cemento Portland. Otras acepciones hacen referencia a: 2) "Materia con que se cementa una pieza de metal"; 3) "Masa mineral que une los fragmentos o arenas de que se componen algunas rocas"; y 4) "Tejido óseo que cubre el marfil en la raíz de los dientes de los vertebrados".

La idea general es que un cemento es "un material que une o pega cosas"; une piedras, une ladrillos, une metales... Es decir, es un conglomerante. Por su parte, la RAE define el vocablo "conglomerante" como: "Dicho de un material: capaz de unir fragmentos de una o varias sustancias y dar cohesión al conjunto, originando nuevos compuestos". Hay, por tanto, reacciones o procesos químicos o fisicoquímicos implicados en el endurecimiento y comportamiento final del material. También serían conglomerantes, aparte del cemento, el yeso y la cal.

Es importante diferenciar entre materiales conglomerantes y aglomerantes. Un aglomerante, según la RAE, es: "Dicho de un material: capaz de unir fragmentos de una o varias sustancias y dar cohesión al conjunto por efectos de tipo exclusivamente físico". Serían aglomerantes el betún, el barro, la cola, etc. Es decir, no hay procesos químicos implicados en su endurecimiento.

Se pueden distinguir dos tipos de conglomerantes: aéreos e hidráulicos. Los aéreos son aquellos materiales que fraguan y endurecen en contacto con aire; el ejemplo típico de un conglomerante aéreo es la cal. Los hidráulicos son aquellos que fraguan y endurecen en contacto con agua y son estables bajo el agua; el ejemplo típico de este tipo de conglomerante es el cemento Portland, la cal hidráulica y en menor medida el yeso.

El cemento Portland es el resultado de la molienda de un producto denominado clínker y un regulador de fraguado (material que se añade al clínker para que la pasta no endurezca rápidamente y se pueda aplicar en estado plástico sin problemas), que suele ser yeso o derivados (yeso hemihidrato o anhidrita). En muchas ocasiones, se añaden a la mezcla (clínker + regulador) otros materiales, que se denominan adiciones minerales o activas (también conocidos en su forma inglesa como *supplementary cementitious materials* o SCM), que pueden ser de origen natural, residuos o subproductos industriales, como calizas, arcillas calcinadas, cenizas volantes de central térmica de carbón, escorias vítreas de horno alto, etc., para completar la composición final del cemento. Estas adiciones activas inducen propiedades y características diferenciadoras de los cementos puros (clínker + yeso), en relación con las resistencias mecánicas y el comportamiento durable de las pastas de cementos y hormigones.

El clínker de cemento Portland se obtiene por reacciones a alta temperatura (alrededor de 1500 °C) de una mezcla homogénea de materias primas (crudo de cemento) formada principalmente por calizas, arcillas y arenas silíceas. Este clínker es un material hidráulico compuesto mayoritariamente por silicatos cálcicos, y en menor proporción, por aluminatos y ferritos cálcicos. Este clínker es el producto que se obtiene en los hornos de las plantas de cemento y es una mezcla mineral de esos silicatos y aluminatos cálcicos.

La fabricación de este cemento Portland lleva asociado efectos medioambientales y energéticos negativos; baste decir que entre el 7-9% de las emisiones a la atmósfera de CO_2 antropogénico son debidas a la fabricación de este material. Es por ello que, desde hace décadas, se están investigando y desarrollando cementos más sostenibles y ecoeficientes (con mejor huella de carbono), en los que se mantiene o mejoran sus prestaciones mecánicas y durables con respecto a un cemento Portland más convencional. También hay elevados consumos energéticos (eléctricos y térmicos) asociados a las moliendas de materias primas y cemento, y a las elevadas temperaturas precisas en el horno de clínker para la formación del mismo. De todo ello se hablará con más detenimiento en capítulos posteriores.

El cemento Portland fue patentado en 1824 por el albañil británico Joseph Aspdin, y debe su nombre al color gris (con distintas tonalidades) de las rocas de la isla de Portland, en Inglaterra. Hay también cementos blancos que son aquellos que carecen de hierro (o tienen en muy baja proporción) porque se emplean materiales con bajo contenido en este elemento en la composición del crudo.

Actualmente, existen en el mercado una gran variedad de cementos, algunos de ellos con unas aplicaciones muy específicas, como son los cementos resistentes al agua de mar o sulfatos (diseñados para construcciones en zonas costeras o ambientes marinos), los de bajo calor de hidratación (aquellos con los que se preparan hormigones con altos contenidos en cemento o en masa), los cementos de aluminato de calcio, muy diferentes a los Portland (en estos, los componentes principales son silicatos cálcicos), que tienen un fraguado muy rápido, aunque no recomendado para usos estructurales.

También hay cementos expansivos, para pozos de petróleo, de magnesio, y hasta dentales.

La presencia de esas adiciones activas en la composición del cemento Portland le confiere unas propiedades diferenciadoras, tanto a tiempos cortos como a largas edades (superiores a tres meses). A modo de ejemplo, los cementos con altos contenidos en escorias vítreas de horno alto (subproducto de la industria siderúrgica del hierro que se reutiliza como componente de algunos cementos) presentan bajas resistencias iniciales y bajos calores de hidratación, además de ser muy resistentes a los sulfatos y al agua de mar, y por tanto muy adecuados para obras en medios marinos o en terrenos yesíferos. En Europa, más del 80% de los cementos empleados en la fabricación de hormigones tienen contenidos de estas adiciones minerales entre 6 y 35% en peso de cemento.

Las propiedades conglomerantes (y de unión) que tiene el cemento Portland son el resultado de las reacciones químicas que tienen lugar entre los componentes del clínker (silicatos y aluminatos cálcicos) con el yeso y el agua, y en su caso con esas adiciones activas (cenizas volantes de central térmica, escorias de horno alto, arcillas calcinadas, etc.). El resultado de estas reacciones (son varias que tienen lugar simultáneamente y a diferentes velocidades) da lugar a una pasta de cemento que inicialmente fragua y luego endurece y mantiene la estabilidad química y física en el aire y bajo el agua. El término "fraguado" es el espesamiento inicial que sucede normalmente en pocas horas, mientras que "endurecimiento" es un proceso más lento y es el que origina las propiedades mecánicas y resistentes del material.

Los principales productos de reacción formados como consecuencia de esas reacciones químicas (también conocidas como reacciones de hidratación) son silicatos cálcicos hidratados, que se caracterizan por tener una baja cristalinidad y una elevada superficie específica que favorece esa capacidad cohesiva y de unión que tiene la pasta de cemento. Estos silicatos cálcicos hidratados son los responsables de las propiedades resistentes y perdurables de los sistemas basados en cemento Portland (ya sean pastas, morteros u hormigones). Cuando el cemento se mezcla con arena (normalmente hasta un tamaño máximo de 4 mm) y agua se obtiene un mortero; si la suspensión carece de arena, está en baja proporción o es de tamaño muy fino, se denomina pasta. Cuando además de arena en la mezcla hay áridos (gravas que son rocas de mayor tamaño que las arenas, hasta un tamaño de 100 mm), lo que se tiene entonces es un hormigón.

La RAE define "hormigón", en una primera acepción, como "material que resulta de la mezcla de agua, arena, grava y cemento o cal, y que, al fraguar, adquiere más resistencia". En una segunda acepción, en Uruguay, tiene el significado de "calzada": "parte de la calle entre dos aceras". También se emplea el término "concreto" para referirse al hormigón, en especial en Iberoamérica. La definición que la RAE da a este término es la misma que a hormigón: "Mezcla de agua, arena, grava y cemento". La palabra "concreto" deriva de *concrete* en inglés y, a su vez, procede de latín *concretus* que significa 'espeso, condensado, endurecido, unido o formado de otras partes'. En el hormigón romano el conglomerante (material de unión) es la cal o cal hidráulica, mientras que el cemento Portland es el conglomerante del hormigón actual.

El hormigón de cemento Portland es el material de construcción más ampliamente utilizado en el mundo; en 2021, se fabricaron más de 4,2 billones de toneladas. El aumento previsto de población a nivel mundial en las próximas décadas hace que las previsiones de fabricación y consumo de hormigón de cemento Portland sean muy elevadas. Esto será mucho más intenso en países como India, China y otros en vías de desarrollo. Hay que tener presente que más del 80% de las emisiones de CO_2 del hormigón provienen de la producción del cemento Portland.

En la actualidad, el hormigón de cemento Portland no se reduce solo a cemento, gravas, arena y agua, sino que hay muchos otros componentes en el producto final. Entre ellos destacan los aditivos orgánicos e inorgánicos (en contenidos inferiores a un 5% en masa del cemento) que pueden modificar las propiedades finales del producto, como acelerar o retrasar los fraguados o endurecimientos, reducir el contenido de agua de amasado disminuyendo la porosidad del hormigón, controlar los procesos de curado, mejorar el comportamiento frente a diferentes agentes agresivos, etc.

También, para mejorar la resistencia del hormigón frente a la tracción (punto débil del material), se preparan, desde hace décadas, hormigones reforzados con armaduras metálicas (conocidos como hormigón armado y pretensado) y fibras de diferente naturaleza (metálicas, de vidrio, de polipropileno, etc.). Se pueden añadir también nanopartículas (por ejemplo, óxido de titanio, dióxido de silicio, óxido de calcio, bacterias, etc.) que le confieren al material unas propiedades finales de mayor resistencia y densidad, comportamiento de autolimpieza o descontaminante, autorreparadores, etc.

En definitiva, el hormigón admite en su composición muchos y variados componentes para mejorar sus propiedades y comportamiento en estado fresco y endurecido, y por tanto dicho comportamiento está ligado a la composición y dosificación de los componentes del hormigón, a su preparación, a las condiciones de curado y puesta en obra. Aspectos todos ellos que deben cuidarse para obtener el mejor material para la aplicación deseada. En función de ello, la versatilidad del hormigón de cemento Portland es enorme y se pueden fabricar hormigones estructurales y no estructurales con muy diferentes aplicaciones, desde hormigones ligeros a hormigones pesados, hormigones refractarios, hormigones reforzados (con armaduras o fibras), hormigones impregnados de fibras plásticas y poliméricas, hormigones secos, hormigones proyectados, hormigones de muy altas resistencias, hormigones autocompactantes, hormigones autolimpiantes, hormigones traslúcidos, hormigones autorreparadores, etc. Entre otras construcciones posibles gracias a este material están los rascacielos, que pueden alcanzar alturas superiores a los 800 m. Se puede considerar que el hormigón es una piedra artificial, pero con una importante diferencia sustancial con respecto a la natural, ya que con el primero se pueden realizar diseños o piezas según el deseo o la necesidad del constructor o arquitecto, con formas, espesores y tamaños muy diversos (desde muy ligeros a muy pesados), aspecto que con la piedra natural es mucho más complicado y en la mayoría de las ocasiones imposible de realizar. Esta cualidad le hace apto no solo como un material de construcción, sino también como material para realizar obras de arte, en especial esculturas de gran tamaño, muchas de ellas ejecutadas por artistas destacados, como ha sido el caso de Eduardo Chillida.

Tanto en la fabricación del cemento como en la producción de su hormigón se utilizan como materiales mayoritarios aquellos que más abundan en la corteza terrestre, como son las calizas, arcillas, arena, piedras, etc. También, con mayor intensidad en las últimas décadas, se pueden emplear una gran variedad de residuos y subproductos industriales como componentes activos o inertes en la preparación de ambos materiales. El sector de los materiales de construcción basados en cemento es uno de los sectores industriales que mayor cantidad de estos residuos utiliza y valoriza.

En un capítulo posterior se profundizará en el proceso de fabricación y en las principales características físicas, mecánicas y durables que tienen las pastas de cemento y sus morteros y hormigones, así como en la necesidad de producir cementos y hormigones más sostenibles y ecoeficientes, y sobre los diferentes diseños y aplicaciones (algunas muy novedosas) de estos materiales.

CAPÍTULO 2

Materiales de construcción en la antigüedad (y en la actualidad)

Muchos y muy variados son los materiales de construcción utilizados por el ser humano en la antigüedad antes de la invención y producción, en los siglos XIX, XX y XXI, del cemento Portland. Desde que este dejó la vida nómada para convertirse en agricultor y pastor, y decidió establecerse en un lugar, identificó la necesidad de disponer de refugios para resguardarse de la intemperie a la vez que construir templos para sus dioses, murallas para protegerse del enemigo exterior y grandes casas (o castillos) para sus gobernantes. La utilización de materiales con fines constructivos generó los primeros materiales de construcción, cuya conservación y restos arqueológicos han permitido su identificación. Entre ellos destacan la piedra, el adobe, el ladrillo, el yeso, la madera y la cal.

Es muy sorprendente que los mismos o muy similares materiales de construcción se utilizaran simultáneamente, y casi con tecnologías similares, en civilizaciones muy alejadas geográficamente. Es evidente que la disponibilidad de estos materiales era el factor determinante para su empleo en construcción, y que los materiales utilizados para construir son los más abundantes en la corteza terrestre.

A continuación, se describen brevemente algunos de los principales materiales de construcción utilizados en la antigüedad (muchos de ellos siguen utilizándose en la actualidad) y algunos de los monumentos que han perdurado hasta nuestros días y en los que se utilizaron dichos materiales.

La piedra natural

La piedra natural es el principal material de construcción utilizado desde la prehistoria. Su disponibilidad, facilidad de trabajo y, en muchas ocasiones, su alta durabilidad y prestaciones (buen aislante térmico y acústico) explican que la piedra fuera un material idóneo en construcción e incluso que lo siga siendo para algunas aplicaciones concretas. La piedra no solo fue utilizada para hacer murallas y moradas, sino que también con ella se fabricaron las primeras herramientas y armas que aseguraron la superveniencia de la especie humana; las primeras se remontan a hace 3,3 millones de años y son las denominadas lascas, que se emplearon para golpear y cortar como cuchillos.

Como material estructural, las piedras más utilizadas son el granito, el gneis, las areniscas, la caliza, el mármol, la cuarcita y la pizarra. Su elección en las construcciones está relacionada con el tipo de estructura en la que se van a utilizar, la disponibilidad y los medios y el coste del transporte. Las piedras se han utilizado en cimentaciones y muros, en fachadas y elementos arquitectónicos, escaleras, losas, columnas, dinteles de ventanas y puertas, en túneles, puentes, etc.

La cantería es el oficio y arte de labrar la piedra y es una de las profesiones más antiguas, muy valorada en la antigüedad. Son destacables los trabajos tan delicados y de gran valor artístico que hacían los canteros pese a los escasos medios disponibles, que afortunadamente se han conservado y podemos admirar en la actualidad. En nuestros días se sigue trabajando la piedra, pero a través de procesos y técnicas más modernas de cortado y pulido.

Mención especial merece el mármol, que es una piedra natural muy utilizada en construcción y considerada (en la antigüedad y ahora) de gran calidad y belleza. Es una caliza metamórfica y cada pieza es única en cuanto a color, vetas, texturas, dureza, acabados, etc., lo que le confiere también unas propiedades diferenciadoras.

El mármol se ha utilizado para edificación y también en decoración y en escultura. Se caracteriza por una elevada resistencia y durabilidad, lo que hace que sea muy versátil en construcción. En la antigüedad se usó en edificios de importancia para la sociedad y públicos (también privados), como palacios, templos, obeliscos, etc. En la actualidad, su empleo está más enfocado en pavimentos, fachadas, paredes (interiores y exteriores), escaleras, baños, zonas hospitalarias, etc.

El granito también fue un material muy utilizado antiguamente. Es una roca con baja porosidad y elevada dureza, lo que le confiere una gran estabilidad frente a agentes agresivos externos y una gran resistencia a la erosión y abrasión. Muchos edificios de aquella época se construyeron en granito (por ejemplo, el acueducto de Segovia, entre otros muchos en la península ibérica). Debido a esas buenas características resistentes, en la actualidad se utiliza mucho en zonas de gran tránsito y roce, como escaleras, suelos, pasadizos, encimeras, etc.

La piedra como material de construcción aparece hace 10 000 años debido a la necesidad de hacer construcciones estables y sólidas, y para ello se usó la piedra en las cimentaciones y muros. La edificación más antigua encontrada en piedra es el templo de Göbekli Tepe en el sudeste de Turquía (9600-8200 a. C.).

La evolución de la técnica constructiva llevó a los hombres a experimentar con los derivados de la piedra y hacer mezclas de polvo de roca, cal y arena y hacer bloques de material pétreo. Hay evidencias de esta técnica en el suelo de una cabaña de Lepenski Vir (Serbia) que data del 5600 a. C.

En Europa, el empleo de la piedra para hacer caminos, fortalezas, castillos, edificios, catedrales, etc. ha perdurado hasta nuestros días. Entre el siglo V a. C. y el siglo XVI se construyó y restauró la Gran Muralla china, que tenía como misión proteger al imperio de los ataques nómadas de Mongolia y Manchuria. Esta construcción tiene 21 000 km y en ella se utilizaron más de 4000 millones de sillares de caliza, granito, arena y ladrillos de cerámica. En ocasiones, esas piedras estaban dispuestas unas sobre otras y en otras muchas estaban unidas mediante morteros de cal o yeso.

En la actualidad, una producción importante de la piedra natural va dedicada a la restauración del patrimonio ya construido. En palabras del arquitecto Rafael Moneo, "la piedra natural ha sido y es el mejor soporte para la expresión estética, por lo que la historia de la arquitectura es, en esencia, la historia en piedra".

Adobes, ladrillo, yeso y madera

El adobe es un material de construcción resultante de la mezcla de una masa de barro (material arcilloso) y agua, a veces con adición de paja, que se moldea en forma de ladrillo y se deja secar al aire. El arquitecto e ingeniero Vitrubio ya aconsejaba en el año 25 a. C. que los ladrillos de adobe se hicieran en primavera porque en verano se secaban demasiado deprisa y se cuarteaban.

Ese material arcilloso son rocas sedimentarias compuestas de agregados de silicatos de aluminio hidratados procedentes de la descomposición de rocas, que adquieren una plasticidad cuando se humedecen con agua y se pueden moldear, adquiriendo rigidez cuando se secan al aire (adobes) o sufren transformaciones fisicoquímicas cuando son tratadas térmicamente (cerámicas o ladrillos). Apilando ladrillos de adobe se pueden hacer muros, estando esos ladrillos unidos por morteros de cal. La diferencia que existe entre un muro de adobe y un tapial es que este último es un sistema constructivo que se prepara con un encofrado de madera y tierra arcillosa apisonada por capas.

Los adobes tienen evidentes cualidades constructivas, entre las que destacan: 1) elevada disponibilidad de materiales; 2) bajo coste de producción y sencilla fabricación; 3) buena trabajabilidad y moderadas propiedades mecánicas; 4) fácil integración en el ecosistema local, empleando materiales y técnicas locales; 5) buena resistencia al fuego y aislante acústico y térmico; y 6) buena adherencia a la madera. En definitiva, sería lo que hoy día llamaríamos un material sostenible por ser biodegradable, ecológico y económico. Se estima que más del 50% de las casas del mundo están construidas con este material.

Hay que tener en cuenta que es un material de baja resistencia a la compresión (por lo que su empleo como material estructural debe estar controlado), además de tener una baja resistencia a la erosión y a los sismos. Sistemas de refuerzos (como por ejemplo armaduras metálicas) se están empleando para mejorar esa resistencia a los sismos. Las características del tipo de arcilla, arena y fibra, así como su porcentaje y modo de elaboración del adobe, van a influir en las propiedades fisicoquímicas del mismo y en su comportamiento resistente y perdurable en el tiempo.

El adobe fue ampliamente utilizado en Mesopotamia (7000 a. C.) en la construcción de templos y viviendas; además de hacer los bloques de adobe, también idearon los ladrillos de arcillas calcinados al horno a los que protegían de la humedad con esmaltados y vidriados. También se emplearon adobes en las viviendas de la ciudad neolítica de Catal Hüyük, en Anatolia (6600-5600 a. C.). Los pueblos indígenas prehispánicos de América, tanto en el sudoeste de Estados Unidos como en Centroamérica o en la región andina de Sudamérica, también emplearon este material de construcción.

Se sigue construyendo en adobe, tanto en edificaciones de emergencia como en viviendas de diseños especiales. Sus características lo hacen idóneo para construcciones en zonas desérticas y climas muy cálidos.

El ladrillo es otro material de construcción muy empleado en la antigüedad y en la actualidad. Al igual que el adobe, la arcilla es la materia prima principal. Se le puede considerar como el precursor del ladrillo, aunque ambos coexistieron durante siglos en construcciones y trabajos de albañilería. La diferencia sustancial es que, durante la fabricación del ladrillo, la masa arcillosa sufre un proceso de cocción a altas temperaturas (por encima de 350 °C), mientras que en el adobe el proceso de secado es en aire. El ladrillo es la versión irreversible del adobe.

Un avance muy relevante en la albañilería fue la fabricación del ladrillo cocido. El proceso de cocción de la arcilla le confiere al material una resistencia similar a la piedra, con la ventaja de su moldeado previo. Moldear ladrillos era menos costoso y trabajoso que tallar piedras, lo que abarató los precios de la construcción. El ladrillo es, por tanto, una pieza de arcilla cocida, generalmente con forma de prisma rectangular, que se usa en la construcción de muros, paredes, pilares, etc. Normalmente la forma de los ladrillos es de un paralelepípedo rectangular y con un tamaño que permite ser manejado por la mano del operador.

Hay diferentes tipos de ladrillos: huecos, macizos, de cara vista, refractarios, etc. Su fabricación y utilización dependerá de las prestaciones que se precisen y de la obra de la que vayan a formar parte. Los ladrillos se utilizan en construcción para muros, tabiques, cerramientos, fachadas y particiones. Normalmente se unen mediante morteros de cemento y su disposición o colocación en los muros se conoce con el nombre de aparejo, existiendo una gran variedad de ellos, como los aparejos a sogas, a tizones, a palomero, a inglés, etc. Estos aparejos dan esa variedad que se puede ver en las fachadas y muros en la colocación de los ladrillos tanto en zonas externas como internas.

Las características y propiedades finales de los ladrillos dependen de la naturaleza y combinación de las materias primas y de su proceso de fabricación (extrusión, cocción, secado, etc.). En términos generales, los ladrillos cocidos tienen unas características positivas como son el bajo coste y la alta disponibilidad de material y geográfica, además de ser un buen aislante térmico.

Como ya se ha dicho, el ladrillo es un material de construcción muy antiguo y su empleo ha estado y está muy extendido en todo el mundo. Las primeras evidencias de su uso datan del Neolítico (hacia el 9500 a. C.) en zonas del Levante mediterráneo, donde había escasez de piedra y madera. Hiladas de ladrillo se han identificado en yacimientos arqueológicos de Mesopotamia (anteriores al 7500 a. C.) y en excavaciones en Jericó (6400 a. C.) en zonas próximas al río Jordán y en Catal Hüyük. Hay también evidencias de empleo de ladrillos cocidos en el antiguo Egipto (1450 a. C.). También hay restos arqueológicos del empleo de ladrillos en la antigua e imperial China. Por su parte, los romanos también hicieron construcciones en ladrillo, como en las termas de Caracalla, en las que mezclaron ladrillos con hormigón romano. Durante la Edad Media, el ladrillo fue un material de construcción básico, tanto en el arte románico y gótico como en el mudéjar, este último muy extendido en la península ibérica con construcciones de tipo religioso (iglesias y mezquitas) y palacios. El acabado del ladrillo con esmaltes o azulejos es muy típico de esta época mudéjar, aunque se han identificado esmaltados en construcciones previas como en la antigua Mesopotamia.

El ladrillo ha seguido siendo un material de construcción muy usado en nuestros días, con un periodo de amplia utilización en los siglos XIX, XX y XXI tanto en el norte y centro de Europa como en España, con construcciones en fachadas de edificios de uso privado y público y arquitectónicamente relevantes como estaciones de tren, teatros, plazas de toros, etc.

El yeso en construcción se define como el producto pulverulento procedente de la cocción de la piedra de yeso o sulfato cálcico dihidrato, y que una vez deshidratado total o parcialmente y mezclado con agua es capaz de fraguar y endurecer por la formación nuevamente de ese sulfato cálcico dihidrato. Es decir, se parte de la piedra de yeso que se calcina y transforma en yeso hemihidrato o anhidrita, y que al mezclarse estos con agua se vuelve a generar yeso (que es el responsable del endurecimiento final del producto). La piedra de yeso es un material normalmente de color blanco, terroso y de baja dureza que deshidratado por la acción del fuego y molido tiene la propiedad de endurecer cuando se mezcla con agua. La diferencia fundamental que existe entre yeso y escayola es que esta última tiene una mayor pureza (al menos un 90% es sulfato cálcico hemidrato) y una mayor finura, y al hidratarse genera el sulfato cálcico dihidrato y endurece.

El estuco es aquel material que se hace con yeso, colas animales y pigmentos. Especialmente famosos son los estucos que se inventaron en el siglo XV en Venecia y dan lugar a superficies o paredes brillantes y lisas con apariencia muy similar al mármol.

El yeso también ha sido un material de construcción ampliamente utilizado en la antigüedad. En la antigua

Mesopotamia se empleó para revestir los paramentos de las viviendas, para suelos y en cimientos. Está documentado que se utilizó en Egipto para unir bloques de piedra en la construcción de las pirámides de Keops y la gran pirámide de Giza (2800 a. C.). También formaba parte de los revestimientos y suelos, utilizándose para decorar las tumbas. La civilización griega creó los conocidos como morteros helénicos que estaban compuestos de yeso, cal y arena. Incluso se reporta que los griegos adicionaban polvo volcánico a los morteros para protegerlos de la agresividad en medios marinos.

Los romanos utilizaron una piedra de yeso selenítica especular traslúcida (*lapis specularis*), conocida también como espejuelo o espejillo, a modo de cristal para ventanas e invernaderos. Las láminas de este yeso se montaban sobre soportes de madera o cerámica. También se preparaban con trozos más pequeños en forma de mosaicos. Es un yeso cuasi trasparente que se encontraba en gran cantidad en Hispania, siendo una de las minas más abundantes la situada en Segóbriga (Cuenca). Su empleo se intensificó en la época de Augusto y años posteriores (siglos I y II).

La relativa solubilidad del yeso en agua y su baja resistencia a compresión hacen que el yeso sea un material idóneo para revestir interiores, aunque hay evidencias de utilización en exteriores, pero nunca como elemento estructural. Se introdujo en la península ibérica por los árabes, procedente de Oriente. Durante la dominación islámica, el yeso fue ampliamente utilizado como material decorativo, en la conocida yesería mudéjar, dejando obras singulares como la Alhambra, la mezquita de Córdoba o los Reales Alcázares de Sevilla. Esta técnica de trabajos con yeso (o escayola) se difundió a otros territorios de la península ibérica, y se utilizó en iglesias, sinagogas, palacios, etc.

En la actualidad, el yeso y la escayola siguen siendo materiales básicos de construcción, en especial para interiores, principalmente en las paredes; además de ser reguladores de fraguado en la composición del cemento Portland.

La madera puede ser considerada otro material de construcción sostenible, utilizado en la antigüedad y en la actualidad de forma creciente. Hay muchos tipos de madera, en función del árbol y del tipo de tratamientos y procesos que recibe. La madera se utiliza principalmente con fines estructurales (vigas, paredes, techos), también para suelos y en la construcción de multitud de muebles y elementos decorativos. Los tipos de maderas empleadas en construcción van desde las más duras (ébano, encina, cerezo y roble) a las más blandas (abeto, pino, sauce y balsa).

La madera tiene ventajas evidentes como material de construcción; entre ellas destaca: 1) es un producto natural y renovable (se debe replantar con nuevos árboles la zona de explotación); 2) en términos generales es un material fácil de trabajar y de manejar; 3) es un buen aislante natural que permite reducir la energía precisa para la climatización de los espacios; 4) es buen absorbente acústico; y 5) es altamente reutilizable.

El uso de la madera en construcción, con un tratamiento adecuado, lo convierte en un material de alta durabilidad, apto para vigas, traviesas o listones. Tiene ventajas por su elevada disponibilidad y su variedad (texturas, colores, acabado, etc.). Entre las desventajas habría que destacar su fragilidad frente al fuego y su vulnerabilidad frente agentes externos, como el agua, hongos, termitas, etc. Al ser un material higroscópico, la madera es altamente sensible a la humedad, se hincha cuando absorbe agua y se contrae cuando la pierde, lo que puede provocar cambios de color, forma o la generación de fisuras o grietas. Sin embargo, este problema se soluciona con un adecuado proceso de secado de la madera antes de su puesta en uso, ya sea con métodos naturales o industriales. Un buen acabado externo puede mejorar el comportamiento de la madera como material de construcción frente a estos aspectos negativos. También puede presentar una variabilidad en cuanto a resistencia y dureza dependiendo del tipo de madera empleada (no es lo mismo una viga en roble que en pino).

La madera ha sido un material de construcción empleado desde el Neolítico. En aquellas zonas boscosas con pocos o nulos refugios naturales basados en rocas, es seguro que el ser humano primitivo empleaba la madera para las viviendas. Es muy posible que utilizara ramas secas o cortara troncos de los árboles para construir los refugios. No se han encontrado construcciones de madera al ser este un material no fósil, a diferencia de la piedra, el adobe, etc. Es bien cierto que tribus del Amazonas o de otras regiones que mantienen costumbres ancestrales nos muestran las construcciones que tienen en madera, que nos pueden servir para entender las viviendas que construían esos hombres primitivos.

Aunque las edificaciones de la antigüedad que han llegado hasta hoy están hechas en piedra, ladrillo, adobes u otros materiales más resistentes, bien es cierto que las viviendas familiares de muchas de estas civilizaciones eran de madera. Este material se utilizó mucho en los pueblos celtas, en Mesopotamia, en Persia, en Egipto, en Grecia y en Roma. Vitrubio (25 a. C.) describía la composición y características que debía tener la madera para su uso en construcción, incidiendo en la importancia del corte frente a los xilófagos, es decir, los insectos que roen la madera. La primera constancia que se tiene de un cuerpo de bomberos es durante el mandato de Julio César. El famoso incendio en la época de Nerón fue por la quema de las viviendas de madera en Roma. La casa más antigua de madera que se conserva está en la ciudad de Schwyz (Suiza) y tiene 700 años.

La percepción negativa sobre la madera como material de construcción debido a su elevada inflamabilidad ha hecho que no se utilizara mucho en la Europa mediterránea, aunque este no es el caso de los países del norte de Europa y Estados Unidos, donde ha sido el principal material de construcción en muchas edificaciones. En los últimos años, y debido a aspectos medioambientales y de sostenibilidad, junto con mejoras técnicas innegables en su producción y puesta en servicio, la madera está volviendo a ser un material de construcción en auge en todo el mundo.

Cales. Morteros y hormigones romanos

Los morteros y hormigones de cal son materiales de construcción muy utilizados en la antigüedad, alcanzando su máxima calidad y prestaciones en la época romana, aunque hay evidencias claras de su empleo en épocas anteriores por griegos y egipcios.

El principal conglomerante de estos materiales es la cal o hidróxido cálcico que al carbonatarse produce carbonato cálcico, que es el material que confiere las propiedades al producto final endurecido. Se conoce como el ciclo de la cal al proceso de generación de este conglomerante y producto final. Se parte de la piedra caliza que es principalmente carbonato cálcico calcinado en grandes hornos, enviando a la atmósfera el dióxido de carbono y generándose el óxido de calcio. Este óxido de calcio se le conoce como cal viva.

Esa cal viva reacciona muy violentamente con el agua (es una reacción muy exotérmica con gran desprendimiento de calor) y forma el hidróxido cálcico, que es lo que se conoce como cal apagada.

El proceso de generación de este hidróxido cálcico o cal apagada se hace con un extra de agua, y aunque este hidróxido es un polvo, lo que se obtiene realmente es un material cremoso o pasta que es lo que se mezcla (una vez enfriado) con la arena, piedras o escombros para formar el mortero u hormigón.

En condiciones aeróbicas, esta cal apagada se seca lentamente y en contacto con el CO_2 ambiente vuelve a generar carbonato cálcico y vapor de agua. Es decir, se parte de una piedra caliza (que mayoritariamente es carbonato cálcico) y tras el ciclo de la cal se genera nuevamente carbonato cálcico, que es el que confiere al mortero de cal el endurecimiento y las propiedades mecánicas estables. Este proceso de formación de carbonato cálcico es lento, mucho más que el proceso de endurecimiento del cemento Portland, que es un conglomerante hidráulico. La cal es un conglomerante aéreo.

Los griegos, pero sobre todo los romanos, tenían depósitos volcánicos y comprobaron que estos materiales, finamente molidos y mezclados con agua, y esa cal apagada, además de arena (o escombros), generaban unos morteros de elevadas resistencias, a tiempos cortos, y además presentaban unas mayores resistencias frente a la acción del agua y diferentes sales que los morteros de cal sin esa adición volcánica. Los griegos utilizaron tobas volcánicas procedentes de la isla de Thera (ahora llamada Santorini) y los romanos usaron tobas volcánicas de zonas cercanas a la bahía de Nápoles, más concretamente en la región de Pozzuoli, de ahí que estos materiales volcánicos utilizados en construcción adoptaran el nombre, a nivel internacional y que se mantiene actualmente, de puzolanas.

Este mortero romano con cal apagada, puzolana molida y arena fue un desarrollo muy importante para la época y es conocido como mortero de cal hidráulica, ya que muestra estabilidad cuando está en contacto con agua. La diferencia sustancial entre un mortero de cal aérea y uno de cal hidráulica es que, en el primer caso, el agua lo que hace es favorecer el amasado de la misma con la arena, pero el endurecimiento se debe a la formación de carbonato cálcico, como se ha descrito anteriormente, por la interacción del hidróxido de calcio con el dióxido de carbono ambiente, y es el que confiere al mortero sus propiedades físicas, químicas y mecánicas (conglomerante aéreo). En el segundo caso, sin embargo, la adición de agua, además de favorecer el amasado de las pastas, también interviene en las reacciones químicas de los silicatos y aluminatos de la toba volcánica con la cal pagada, formándose compuestos hidratados que le confieren propiedades y comportamiento muy diferentes al de la cal aérea, y más semejantes al de las pastas de cemento Portland (conglomerante hidráulico). En este sentido, Vitrubio decía: "Hay una especie de arena que naturalmente posee unas cualidades extraordinarias. Se encuentra bajo la bahía y en el territorio del barrio del monte Vesubio; si se mezcla con cal y escombros, endurece bajo el agua tan bien como en la construcción ordinaria".

No es la primera vez que se mencionamos a Vitrubio, y merece una atención breve pero especial. Vitrubio fue un ingeniero y arquitecto, autor de un tratado de arquitectura conocido como *De architectura*, dedicado al emperador Augusto. Se trata de diez libros que escribió, muy posiblemente, en el 25 a. C., y son una recopilación de los conocimientos previos al autor y aquellos existentes en su época sobre arquitectura y construcción, tales como maquinaria, materiales (entre ellos los morteros y hormigones romanos), acueductos, etc. Consideraba tres aspectos fundamentales en cualquier construcción pública (*firmitas, utilitas, venustas*), es decir, debían ser sólidas, útiles y hermosas. La influencia de los libros de Vitrubio y los conocimientos que se describían sobre arquitectura e ingeniería fueron fundamentales durante el Renacimiento, influyendo en artistas como Leonardo da Vinci (de ahí su famoso *Hombre de Vitrubio*) o Miguel Ángel, así como otros arquitectos renacentistas relevantes. Sus libros han servido para conocer la tecnología romana de construcción junto con el estudio de los restos arqueológicos de muchos monumentos de esa época.

Los romanos perfeccionaron hasta el límite el desarrollo de sus morteros y hormigones de cal; de ahí que persistan en la actualidad edificaciones romanas en todo el antiguo imperio, muchas de ellas en muy buenas condiciones de conservación. El hormigón romano (*opus caementum*, 'obra de escombros o piedra') es un tipo de mortero de cal que se hacía a pie de obra, en el que se mezclaban los componentes sólidos (cal, materiales puzolánicos, guijarros o piedras) y se podía emplear tal cual o bien encofrado entre paredes de bloques de piedras. Esta forma de construcción, gracias a la presencia de cal hidráulica, era de endurecimiento rápido y resistente. El panteón de Agripa, en Roma, se construyó de esta manera y es un ejemplo perfecto de la gran tecnología que tenían los romanos en sistemas constructivos y en la calidad de los materiales de construcción que empleaban.

Los morteros de cal romanos se caracterizan por tener: 1) bajas resistencias mecánicas (del orden de 15 MPa a compresión), aunque esa resistencia se puede hasta duplicar en morteros de cal hidráulica; 2) fácil trabajabilidad; 3) lento proceso de curado, en especial en los que no tienen cal hidráulica; 4) elevada porosidad y permeabilidad; 5) alta capacidad de deformación, lo que permite absorber pequeños movimientos producidos por materiales colindantes; 6) baja resistencia a las heladas; y 7) ausencia de sales solubles, lo que evita los procesos de disolución-recristalización y formación de eflorescencias y subeflorescencias salinas. Todas estas características o propiedades pueden modificarse alterando el proceso de fabricación del mortero, el tipo de cal (presencia de material volcánico o no), el tipo de árido, la relación arena/cal y el contenido de agua empleada en la elaboración del mortero.

Los romanos utilizaron estos hormigones y morteros de cal en muchas de sus construcciones a lo largo de todo el imperio. Los emplearon en la unión de piedras en acueductos, alcantarillados, puentes, anfiteatros, coliseos, bases de las calzadas, etc. También para recubrir piedras (calizas u otras piedras de baja resistencia a la erosión) en construcciones o edificaciones relevantes de la ciudad, como es el caso de las columnas del Foro Romano, o en los templos de Isis y Capitolio, en la ciudad romana de Baelo Claudia (Cádiz) o como material soporte de los mosaicos que conformaban los suelos en las casas prominentes de las ciudades, como el caso de la ciudad romana de Itálica (Sevilla).

Los romanos preparaban diferentes capas de hormigón y mortero de cal, en las que variaban las relaciones arena/cal y el tamaño de las arenas o guijarros según la profundidad, de manera que los hormigones más profundos tenían guijarros o piedras más gruesos y menores contenidos de cal, mientras que en las capas intermedias disminuía el tamaño de los guijarros y aumentaba la cantidad de cal, hasta llegar a una lechada de cal (casi exenta de arena) sobre la que se colocaban las teselas. La hidraulicidad (estabilidad en contacto con el agua) de sus morteros y hormigones les permitió construir conducciones de agua bajo tierra o las famosas termas romanas.

Las calzadas romanas son un buen ejemplo de cómo los materiales de construcción ayudaron a la mejora de las comunicaciones y favorecieron la expansión de la antigua Roma. La mayoría de las calzadas se vertebraban a partir de la propia ciudad y servían para el movimiento rápido de las tropas, para el transporte de mercancías y como medio de difusión del latín, de la cultura romana y romanización a lo largo de todas las provincias del imperio. De ahí la expresión popular: "Todos los caminos conducen a Roma".

Sin lugar a dudas, los grandes constructores de la antigüedad fueron los romanos y aunque sus tecnologías, materiales y métodos constructivos se perdieron en parte durante la Edad Media, tras el Renacimiento se recuperaron y se continuaron hasta bien entrado el siglo XVIII. Con morteros de cal se han unido las piedras de las magníficas catedrales románicas y góticas, así como de los palacios y construcciones públicas. Cada época adaptaba las tecnologías según la disponibilidad de materiales y características de la zona y tipo de edificación o construcción que se fuera a realizar.

El siguiente paso a los morteros y hormigones de cal fue el desarrollo y fabricación a partir del siglo XIX del cemento Portland.

CAPÍTULO 3

Desarrollo y patente del cemento Portland

Posiblemente, el avance más destacado sobre el conocimiento de los cementos tras la época romana se deba a John Smeaton, ingeniero civil y físico inglés, al que pidieron que reconstruyera un faro en Eddystone Rock, una zona de rocas erosionadas por el azote del mar a más de 14 kilómetros de la costa en el suroeste de Cornualles, Reino Unido. Sus estudios se centraron en encontrar los mejores materiales de construcción para esta edificación, con zonas bajo el agua y en condiciones de alta agresividad (erosión, ambiente marino, etc.).

Hasta ese momento, los morteros eran una mezcla de cal apagada con tierras de la zona, y se buscaba que las consistencias, tras su mezcla con el agua (la menor posible), fueran satisfactorias. Sin embargo, no siempre estas mezclas mostraban el comportamiento que él esperaba y necesitaba, por lo que inició un estudio sobre diferentes calizas para la obtención de la cal, por calcinación, comprobando que aquellas calizas que tenían un mayor contenido de material arcilloso eran las que posteriormente producían morteros de cal con mejores prestaciones resistentes y estables frente al agua y en medios marinos.

Era la primera vez que se reconocían las propiedades de la cal hidráulica, que los romanos utilizaron y conocían, pero desconocían a qué eran debidas. Smeaton también comparó algunas puzolanas naturales romanas, y finalmente el mortero usado en la fabricación de este faro fue una mezcla de cales hidráulicas, puzolanas de Civitavecchia y arena. El faro fue construido en 1759, con una altura de 22 metros y 93 escalones. En 1882 fue reemplazado por otro nuevo, pero el faro de Smeaton fue trasladado, pieza a pieza, a Plymouth, siendo ahora un monumento de los más relevantes de Reino Unido.

Durante el siglo XVIII y primeros años del XIX, diferentes ingenieros (Louis Vicat, Edgar Dobbs, James Frost, entre otros) continuaron trabajando y desarrollando cementos basados en la calcinación en hornos de calizas y arcillas. Pero fue Joseph Aspdin quien en 1824 patentó un proceso de fabricación de un cemento hidráulico al que dio el nombre de cemento Portland, resultante de calcinar calizas molidas con arcillas en un horno similar a los de producción de cal.

Realmente, el producto patentado por Aspdin no era más que una cal hidráulica, pero tenía unas apreciables características resistentes (y de color) que se asemejaban a la roca de la isla de Portland, al sur de Inglaterra, y que le dio el nombre de cemento Portland. Posteriormente, fue su hijo William Aspdin quien continuó con la fabricación de este cemento y en 1840, por error o casualidad, elevó la temperatura del horno obteniendo un material parcialmente vitrificado que molido mostraba un rápido endurecimiento y mejores resistencias: había producido, por primera vez, silicatos cálcicos.

Por su parte, Isaac Charles Johnson, también británico, mejoró la composición inicial del crudo de Aspdin y empezó a fabricar cemento hacia 1851, contribuyendo así de manera decisiva al incremento de su producción en Reino Unido. En los últimos años de la década de 1850 aparece, auspiciado por William Aspdin, una primera fábrica de cemento en Alemania.

El evento más importante desde el punto de vista de su producción y control de calidad en la fabricación de cemento

Portland fue la introducción de los hornos rotatorios, en lugar de los usados en la fabricación de la cal, pasando a ser un proceso en continuo. La implantación de la fabricación de cemento Portland fue un proceso lento, que comenzó a principios de siglo XX y que no empezó a estar controlado y monitorizado automáticamente hasta casi la década de los setenta, aunque actualmente está totalmente instalado y optimizado a nivel mundial.

La primera planta de cemento Portland en España se creó en Asturias en 1898 por la empresa Sociedad Anónima Tudela-Veguin, que contaba con una producción anual de 5000 toneladas. Después, se pusieron en marcha otras fábricas como la de Añorga-Chiqui, en San Sebastián, por el industrial Rezola en 1901, y la Compañía General de Asfaltos y Portland Asland en Barcelona, en 1904. En 1931, se crea la Unión de Fabricantes de Cemento de España (actualmente es la Agrupación de fabricantes de cemento de España, Oficemen).

La labor investigadora en la química del cemento y del hormigón, que se desarrolló a partir de los años cuarenta en España, y que continúa en la actualidad, tuvo como referente la creación, en 1949, del Instituto Técnico de la Construcción y del Cemento (actual Instituto de Ciencias de la Construcción Eduardo Torroja, perteneciente al Consejo Superior de Investigaciones Científicas, CSIC).

La revolución que supuso a nivel constructivo (y social) el desarrollo del cemento Portland y los hormigones —que con él se podían fabricar—, junto con los requerimientos técnicos y de seguridad que los ingenieros reclamaban al material, impulsó la normalización del producto para asegurar su comportamiento reproducible tras unos ensayos establecidos. La primera asociación de fabricantes de cemento se fundó en Alemania en 1877, y fueron los primeros en establecer normativas a través de la German Cement Works Association (VDZ). La primera norma británica (Engineering Standards

Committee, ahora British Standard Association) aparece en 1904, en el mismo año que la primera norma de la American Society for Testing and Materials (ASTM). Todas estas normas sobre cementos fueron revisadas y mejoradas en años posteriores.

En la Unión Europea, los trabajos de normalización sobre cementos se iniciaron en 1973, pero no culminaron hasta 1992, con la prenorma ENV 197-1:92, que se transformaría en la norma EN-197-1:2000, y con las revisiones posteriores en la actual EN-197-1:2011 y la EN-197-5:2021 y EN-197-6:2023. En estas normas europeas se recogen las composiciones, especificaciones y criterios de conformidad de los cementos comunes y aquellos que tienen aplicaciones especiales (bajo calor de hidratación, resistente a los sulfatos, agua de mar, etc.).

La normativa existente en España y Europa sobre cementos y hormigones es extensa y recoge todas las especificaciones, requerimientos técnicos y recomendaciones de empleo según el tipo de construcción a ejecutar y las condiciones de exposición externa de la misma.

Descripción del proceso de fabricación del cemento Portland

De manera simplificada, el proceso de fabricación del cemento Portland consta de tres etapas:

1. Preparación de las materias primas.
2. Tratamiento térmico.
3. Enfriamiento del clínker. Molienda y preparación final del cemento.

El cemento Portland consta de cuatro componentes principales: el silicato tricálcico (o alita), el silicato bicálcico (o belita), el aluminato tricálcico y el ferrito aluminato tricálcico. Estos compuestos se originan a temperaturas elevadas (~1450 °C) por una serie de reacciones químicas entre el óxido de calcio o cal, el óxido de aluminio o alúmina, el óxido de silicio o sílice y el óxido de hierro, que deben estar presentes en las materias primas iniciales que se conoce como crudo de cemento Portland. La calidad óptima del cemento se obtiene cuando las proporciones de estos cuatro óxidos fundamentales están bien distribuidas en ese crudo.

FIGURA 1

Esquema del proceso de fabricación de cemento Portland.

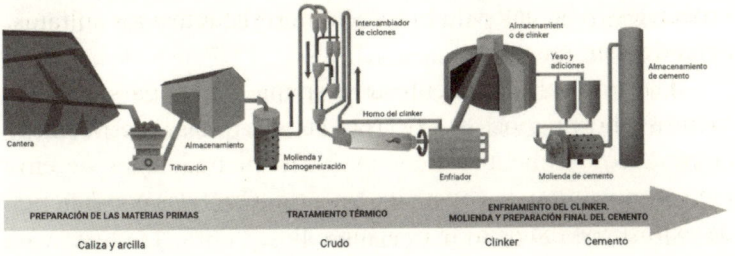

FUENTE: MARÍA RIVAS.

Hay que resaltar que los cinco elementos que forman parte de estos cuatro componentes son oxígeno, calcio, silicio, aluminio y hierro, que suponen el 90,5% de los elementos de toda la litosfera. Es decir, el cemento Portland se produce a través de materiales de gran abundancia en la corteza terrestre.

Las principales materias primas de un crudo de cemento Portland son:

- Materiales calizos que aportan el óxido de calcio a la composición del crudo y son normalmente calizas sedimentarias, metamórficas, coralinas, secundarias y carbonatitas. Las calizas pueden tener contenidos variables en carbonato de calcio o calizas —preferibles que sean altos— también pueden contener carbonato de magnesio o dolomitas —deseable que los contenidos sean bajos y controlados—, cuarzo, arcillas, pizarras, etc.

- Materiales arcillosos que aportan los óxidos de silicio, aluminio y hierro a la composición de crudo, y son normalmente arcillas endurecidas, margas, limos, pizarras, esquistos, cenizas volcánicas y lodos de estuario y de aluviones. El caolín es una arcilla blanca o ligeramente colorada rica en alúmina con pequeñas cantidades de óxido de hierro.

- Otros materiales que sirven como correctores a las deficiencias en alguno de los cuatro óxidos fundamentales de la composición del cemento Portland y que normalmente son óxidos de hierro (cenizas de pizarra, por ejemplo), bauxita o caolín para corregir alúmina, o arenas o areniscas como fuente de sílice. Muy pocas fábricas de cemento utilizan únicamente calizas y arcillas en su crudo y casi siempre es necesario adicionar alguno de estos correctores.

Entre el 75 y el 80% de la composición del crudo son calizas, siendo el resto material arcilloso (entre 15-20%) y en muy baja proporción los otros materiales correctores (1-3%). Las canteras naturales de las que se extraen las calizas o el material arcilloso se suelen encontrar en zonas muy próximas a la planta de cemento y formar parte de ella. Por cada tonelada de cemento se necesitan alrededor de 1,7 toneladas de materias primas, lo que supone una explotación de canteras de productos naturales y una alteración paisajística. En la actualidad, cuando las canteras se agotan, las plantas de cemento se encargan de regenerar esas zonas explotadas y transformarlas en parques naturales recuperados.

Estas materias primas que se extraen de esas canteras deben ser transportadas, molidas y mezcladas convenientemente. Además de la composición precisa de los óxidos del crudo (dosificación de las materias primas) para el tipo de cemento a fabricar, es muy importante la granulometría de los diferentes materiales y la distribución homogénea de los mismos en el crudo final (para asegurar una reactividad adecuada durante el tratamiento térmico). Para ello se realizan procesos de molienda y homogeneización exclusivos para los materiales y su crudo en las plantas de cemento. En la actualidad, con el objeto de reducir la huella de carbono asociada a la fabricación de cemento, y considerando que la composición del crudo de cemento tiene alrededor de un 80% de caliza que debe descomponerse térmicamente para generar óxido de calcio, con la consiguiente emisión de CO_2 a la atmosfera, la búsqueda y empleo de materias primas alternativas es un objetivo prioritario a nivel mundial. Según datos de Oficemen, entre 2004 y 2020, se han utilizado en España cerca de 50 millones de toneladas de materiales alternativos para el crudo, entre los que destaca una gran variedad de residuos y subproductos industriales de diferentes sectores, como cenizas y escorias de molienda, cenizas de pirita, yeso artificial o reciclado, etc. A nivel de la Unión Europea (al igual en que en España), esa sustitución se sitúa alrededor de un 5% del total de materias primas del crudo. Esta estrategia de sustituir recursos naturales por residuos y productos industriales está implantada a nivel internacional y se enmarca también en la consecución de los algunos de los Objetivos de Desarrollo Sostenible (ODS) de la ONU para 2030, en la economía circular (2015) y en el Pacto Verde Europeo (2021).

Tras el proceso de molienda y homogeneizado del crudo, este pasa a un precalcinador que alcanza temperaturas cercanas a los 800-1000 °C que proceden de los gases del horno de clínker, que permite que se produzca total o parcialmente la deshidratación de las materias primas y la descarbonatación de las calizas del crudo. A continuación, el crudo pasa al horno de clinkerización.

Durante la etapa del tratamiento térmico o clinkerización, las materias primas del crudo sufren diferentes procesos fisicoquímicos durante su desplazamiento entre el precalcinador y dentro del horno rotatorio. En la mayoría de las fábricas de cemento este horno es horizontal (hace años había también hornos verticales, aunque se fueron sustituyendo por los horizontales por una mejor eficiencia del proceso). Los hornos horizontales rotarios tienen una cierta inclinación (2-5%) para facilitar el movimiento de la masa del crudo a través de ellos. Son tubos cilíndricos de acero revestidos interiormente de un material refractario y pueden alcanzar una longitud de hasta 150 m y un diámetro interior de 4,5 m. La velocidad de giro del horno está entorno a las 180 revoluciones por hora y pueden llegar a producir hasta 3000 toneladas de clínker al día.

Por esa rotación e inclinación del horno, la masa del crudo seco se va desplazando lentamente a través del mismo, desde zonas de menor temperatura hacia otras de mayor (en el otro extremo del horno está el quemador que puede alcanzar hasta 2000 °C). Es en ese movimiento del crudo en el horno (a contracorriente de los gases) cuando se van produciendo diferentes procesos y reacciones químicas, entre las que destacan:

- La deshidratación de las materias primas (si algo de agua todavía persiste, tras el precalcinador).
- La eliminación del agua químicamente combinada de las arcillas (entre 450- 600 °C), la descarbonatación de las calizas (entre 800-1000 °C), generando óxido de calcio, y la formación de belita y otros silicoaluminatos cálcicos.
- Alrededor de 1340 °C se produce una fusión parcial. Esta fase fundida (es un líquido) mayoritaria en aluminato tricálcico y ferritoaluminato tetracálcico es fundamental en el proceso de clinkerización, ya que permite la movilidad del óxido de calcio (que persiste sin reaccionar) y la belita, ya formada para generar el silicato tricálcico por reaccionar en estado sólido.

- Entre 1400-1480 °C tiene lugar la formación de este silicato tricálcico o alita.

La formación de esas fases y el líquido fundido hacen que se formen unos nódulos esféricos de diámetro variable entre 5-25 mm, que es el clínker de cemento Portland. Este se descarga de forma continua desde el horno a unos enfriadores que pueden ser de parrilla o satélites, de modo que el enfriamiento debe ser muy rápido para estabilizar las fases termodinámicamente inestables formadas (fundamentalmente de alita y belita) durante el proceso de clinkerización y que explican la reactividad del mismo. Este clínker enfriado pasa a un silo o hangar donde se almacena y termina de enfriarse.

Los combustibles utilizados en el horno rotatorio de la planta de cemento suelen ser fósiles como carbón pulverizado, coque de petróleo, fueloil, etc. En la misma línea que los materiales alternativos del crudo, desde hace unos años se están introduciendo combustibles alternativos (en su mayoría materiales de desecho o residuos) en sustitución parcial de los combustibles fósiles tradicionales. Entre 2004-2020, según Oficemen, en España se han empleado 11 millones de toneladas de combustibles alternativos, entre los que se encuentran las biomasas vegetales, los neumáticos troceados, aceites usados, lodos industriales y de depuradora, harinas cárnicas, etc. El grado de sustitución parcial de los combustibles se sitúa alrededor del 36%, pero con vista a seguir incrementándolo en los próximos años. A nivel europeo, hay países como Alemania, República Checa, Países Bajos o Bélgica en los que ese grado de sustitución de los combustibles tradicionales por los alternativos supera el 60%.

La principal fase del clínker es el silicato tricálcico o alita porque es la que confiere al cemento Portland tras su hidratación las características de resistencia y durabilidad de sus pastas, de ahí la importancia de su formación, que se produce por reacción en estado sólido a temperaturas superiores a los 1380 °C, entre la belita y óxido de calcio, con la necesaria presencia de una fase fundida o líquida, formada mayoritariamente por aluminato tricálcico y ferritoaluminato tetracálcico, que actúa como medio de transporte de los dos sólidos para la síntesis final de la alita.

TABLA 1

Composición estándar de un clínker del cemento Portland (% en peso).

Fases mineralógicas	Porcentaje en peso
Silicato tricálcico o alita	55-80
Silicato dicálcico o belita	10-20
Aluminato tricálcico	1-15
Ferritoaluminato tetracálcico	1-15

FUENTE: ELABORACIÓN PROPIA.

FIGURA 2

Micrografía de un clínker de cemento Portland. Los cristales de forma poliédrica son de alita, los más redondeados y más claros son de belita. La zona blanca en la que están inmersos los cristales de alita y belita es la fase fundida formada por aluminato tricálcico y fase ferrítica.

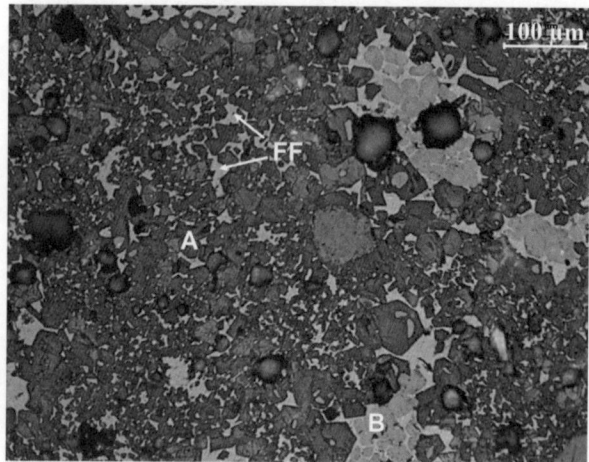

FUENTE: GARCÍA DÍAZ (2010).

La última etapa en el proceso de clinkerización es la producción de cemento por la molienda del clínker obtenido en el horno (ya enfriado) y el yeso (u otro sulfato cálcico) en molinos hasta una finura adecuada. El papel del yeso en la producción del cemento es actuar como un regulador de fraguado, para controlar y retrasar la reacción de hidratación del aluminato tricálcico con el agua y mantener el sistema en estado plástico durante más tiempo; aspecto tecnológico básico para la puesta en obra de las pastas y hormigones. La proporción de yeso a añadir depende del contenido de aluminato tricálcico en el clínker, pero suele estar comprendida entre un 3-5% en peso de cemento.

Durante todo el proceso descrito de producción del cemento Portland hay filtros y recolectores de partículas sólidas (o finos), así como sistemas de recogida y aprovechamiento de gases calientes, que hacen que la fabricación de cemento sea, en la actualidad, un proceso industrial con una mínima generación de residuos y lo más eficientemente posible desde el punto de vista energético. En términos generales, se puede decir que el proceso de fabricación de este material está optimizado, pero pese a ello hay emisión de gases de efecto invernadero (por ejemplo, óxidos de nitrógeno y dióxido de carbono, entre otros) a la atmósfera y el coste energético (calorífico y eléctrico) es elevado.

Además de estos dos componentes (clínker + yeso) en la composición final de los cementos Portland, también se pueden añadir otros materiales (algunos de origen natural y otros residuos o subproductos industriales) tales como calizas, puzolanas naturales, arcillas calcinadas, cenizas volantes de central térmica, escorias vítreas de horno alto, humo de sílice, etc. El fin último de la incorporación de estos materiales (que se denominan adiciones activas) en la composición de los cementos es reducir el contenido del clínker en los cementos (desde un 95% en la composición del cemento sin adiciones), sin afectar negativamente a las características y propiedades finales de los mismos, y conseguir un mejor balance energético y una menor huella de carbono en el proceso. La incorporación de varias de esas adiciones activas está cuantificada y normalizada a nivel europeo. En el caso de los cementos con escorias (denominados según la norma como CEM III), el contenido de adición activa puede llegar hasta el 95% y solo un 5% de clínker. En Europa, más del 80% de los cementos empleados en construcción se corresponden con los del tipo CEM II (con contenidos de adiciones activas entre un 6 y un 35% en peso de cemento).

La pregunta que nos podemos hacer es la siguiente: ¿Por qué es conveniente o necesario reducir el contenido de clínker por la incorporación de diferentes adiciones minerales en la composición final del cemento? La respuesta es que producir clínker (y cemento) tiene repercusiones negativas desde el punto de vista energético, medioambiental y de huella de carbono. Durante el proceso de fabricación de cemento hay un elevado consumo de energía térmica (asociada a las elevadas temperaturas requeridas en el horno rotatorio para la producción del clínker) y eléctrica (asociada a los procesos de molienda del crudo y del cemento final), estimándose un consumo de 4 GJ (gigajulios) por tonelada de cemento. Más del 90% de toda esta energía se consume en el proceso térmico de clinkerización. Por tonelada de clínker se desprenden 859 kg de CO_2; estas elevadas emisiones a la atmósfera se deben en más de un 60% a la descarbonatación de las calizas (y dolomitas) en el proceso de clinkerización y el otro 40% a las emisiones producidas por los combustibles fósiles empleados en el horno. Es decir, el clínker es un gran consumidor de energía y emisor de gases de efecto invernadero. En las normativas actuales a nivel europeo se permite preparar cementos con contenidos en clínker de tan solo hasta un 50%.

El problema de reducir el contenido de clínker en los cementos es el efecto negativo que tiene en el desarrollo de las resistencias mecánicas iniciales de dichos cementos, de manera que cuanto menor es el contenido de clínker, menor son las resistencias a edades cortas (hasta los 28 días aproximadamente). En la actualidad, se están intensificando los estudios para mejorar las resistencias iniciales en cementos con bajos contenidos en clínker.

Proceso de hidratación y microestructuras desarrolladas

Cuando el cemento Portland se mezcla con agua se producen una serie de reacciones químicas entre los componentes del clínker y el yeso (y las adiciones activas si están presentes en la composición del mismo) que conducen a la formación de productos de reacción de alta estabilidad química y que son los que confieren ese carácter hidráulico y cohesivo a sus pastas. Las principales reacciones químicas que ocurren entre el cemento y el agua (exentos de adiciones activas) son:

• Reacción de la alita con el agua y la formación de un silicato cálcico hidratado e hidróxido de calcio. Esta reacción ocurre muy rápidamente tras el contacto del cemento con el agua.
• Reacción de la belita con el agua y formación de un silicato cálcico hidratado e hidróxido cálcico. Esta reacción es mucho más lenta que la de la alita (como 20 veces más lenta).
• Reacción del aluminato cálcico con el agua y el yeso, y formación de una fase denominada etringita, responsable del fraguado del cemento. Es una reacción que ocurre muy rápidamente tras el contacto del cemento con el agua. En ocasiones esta etringita puede evolucionar (si hay defecto de aluminatos cálcicos o yeso) a monosulfoaluminatos.
• Reacción del ferritoaluminato cálcico con el agua y yeso, y la formación de una fase similar a la etringita. Esta reacción es muy lenta y ocurre a tiempos avanzados de hidratación.

La hidratación de cemento Portland es un proceso complejo porque estas reacciones químicas están ocurriendo simultáneamente a velocidades diferentes e influyéndose unas con otras. Además, todas son exotérmicas, dado que los productos de reacción formados son muy estables, y esto permite hacer un seguimiento en el tiempo de las reacciones de hidratación del cemento Portland a través de la medida del calor desprendido tras su contacto y amasado con agua.

El agua empleada en la hidratación de los cementos tiene varias funciones. La primera, el agua intersticial, tiene como misión mojar el polvo de cemento y generar una masa plástica (realmente es un coloide) que pueda ser amasada para obtener una mezcla homogénea. La segunda función (agua higroscópica) es actuar como medio físico de unión entre las diferentes partículas sólidas (anhidras e hidratadas); esta agua se evaporará durante el proceso de secado y dará lugar a una contracción o retracción de volumen en la pasta endurecida y un aumento de la porosidad del sistema. Por último, la tercera función es formar parte de los principales productos de reacción (agua de cristalización).

Como ya se indicado anteriormente, el principal componente del clínker y del cemento Portland es la alita (se encuentra en el cemento anhidro en contenidos entre el 55-80% en peso de cemento) y es, por lo tanto, su reacción con el agua la más trascendente, junto con la reacción del aluminato tricálcico con el yeso y el agua. Como consecuencia de la reacción de hidratación de la alita se forma un compuesto (en forma de gel), que es un silicato cálcico hidratado que se denomina de forma genérica $xCaO \cdot ySiO_2 \cdot nH_2O$ (que se expresa como gel C-S-H)[1]. Se caracteriza por una composición química variable en el tiempo (por eso se expresa sin subíndices), una baja cristalinidad (por eso se denomina gel, con una

---

1. Gel C-S-H es la forma habitual de denominar al principal producto de reacción de una pasta de cemento Portland. Donde, de acuerdo a la nomenclatura usada en la química del cemento, C equivale a CaO u óxido de calcio; S equivale a SiO_2 u óxido de silicio y H equivale a H_2O o agua.

ordenación a escala nanométrica, 500-1 nm) y una elevada superficie específica (variable en el tiempo entre 10 y 80 m²/g). Las características químicas y físicas de este gel explican la gran capacidad de cohesión entre sus partículas, mostrando el carácter cohesivo o de unión que tienen las pastas de cemento. Es decir, son la principal causa de que una pasta de cemento endurezca y mantenga ese estado rígido, incluso bajo el agua.

El carácter conglomerante del cemento Portland se debe mayoritariamente a este producto de hidratación (causante en parte del proceso de fraguado y máximo responsable del endurecimiento y resistencias de las pastas y hormigones). La composición y morfología de este gel C-S-H varían con el tiempo, pasando de composiciones más ricas en calcio a otras más ricas en silicio, y de estructuras más abiertas y porosas a otras más densas y cohesionadas a tiempos más avanzados.

Las reacciones de hidratación ocurren a través de procesos de disolución, siendo las fases más solubles el silicato tricálcico o alita y el aluminato tricálcico. Las reacciones de hidratación del silicato dicálcico o belita y la fase ferrítica son mucho más lentas. La formación de los productos de reacción, en especial el gel C-S-H por reacción de la alita con el agua, ocurre alrededor de las partículas de cemento, y se denomina *inner gel*, y también se puede depositar ese gel en zonas ocupadas inicialmente por el agua de amasado, y se denomina *outer gel* (figura 3, izquierda). Junto con el gel C-S-H en la hidratación de la alita se forma también hidróxido cálcico o portlandita, que son cristales grandes de composición definida que se pueden presentar en forma de placas hexagonales y laminares (figura 3, centro). Estos cristales de portlandita no contribuyen a las resistencias del material hidratado a diferencia del gel C-S-H.

Como consecuencia de la hidratación del aluminato tricálcico con el yeso y el agua se forma una fase denominada etringita, que se presenta en forma de agujas aciculares (figura 3, derecha) y su formación es la gran responsable de la pérdida inicial de plasticidad de la pasta, es decir, del inicio del proceso de fraguado. La adición de yeso en la composición de cemento se debe a que la reacción del aluminato tricálcico con el agua es muy rápida y enérgica, haciendo que el sistema pierda rápidamente la plasticidad y no sea posible su amasado y, en especial, su puesta en obra. De ahí el papel del yeso como regulador de fraguado, ya que su reacción con el aluminato tricálcico y el agua es mucho más lenta que la reacción del aluminato tricálcico con el agua; así se consigue mantener el sistema durante más tiempo en estado plástico y facilitar su amasado y puesta en obra.

FIGURA 3

Micrografías de SEM. De izquierda a derecha: geles C-S-H [*inner* y *outer*], cristales de portlandita y agujas de etringita.

FUENTE: ELABORACIÓN PROPIA.

Todas estas reacciones de hidratación y los productos de reacción formados generan en la pasta de cemento una microestructura, responsable de la resistencia, de la estabilidad de volumen y de la durabilidad de las pastas de cemento, y en gran medida de sus hormigones. Además de los productos de reacción (y fases anhidras que puedan quedar sin reaccionar), en esta microestructura hay también poros (espacios vacíos no ocupados por los sólidos) y en especial aquellos entre 10-1000 nm, que corresponden a la porosidad capilar y de amasado o aditivos aireantes (de hasta 1 mm), y que afectan negativamente a las resistencias mecánicas. Esa porosidad capilar es generada tras la eliminación del agua (agua higroscópica) en la pasta de cemento.

La resistencia mecánica a compresión de una pasta de cemento reside en las fases sólidas de la misma (en especial del gel C-S-H), cuanto mayor contenido en fases sólidas y menos espacios (o poros capilares), menor porosidad y mayor resistencia. Además, por ser la pasta de cemento y de hormigón materiales porosos, en esos poros (a elevadas humedades) hay una fase acuosa que por equilibrio químico con las fases sólidas de la pasta tiene un pH alcalino, situado alrededor de 12,5. Este pH alcalino tiene un papel positivo en la pasivación (no corrosión) de las armaduras en los hormigones armados. Es decir, que según las condiciones que se generan dentro de un hormigón de cemento Portland no se produciría nunca una corrosión de las armaduras metálicas de hierro o acero que refuerzan al mismo. Además, la eliminación de este líquido en los poros (de menor tamaño) de la pasta de cemento y hormigón, debido a procesos de evaporación o bajadas en la humedad relativa ambiente, provoca fenómenos de contracción o retracción de volumen con respecto al sistema en estado más plástico. Debe protegerse el material (pasta u hormigón) con el fin de que este cambio volumétrico sea conocido y controlado para mantener, en lo posible, la estabilidad de volumen de la estructura final.

La presencia de adiciones activas en la composición del cemento (por ejemplo, cenizas volantes, escorias de horno alto, humo de sílice, arcillas calcinadas, etc.) induce cambios en esas reacciones químicas y por tanto en las microestructuras que se desarrollan, teniendo consecuencias en el comportamiento resistente a edades cortas y más avanzadas y en su porosidad y durabilidad. De forma general, aquellas adiciones que tienen bajo contenido en calcio en su composición, como son las cenizas volantes silicoaluminosas, el humo de sílice, arcillas calcinadas, puzolanas, etc., se denominan materiales puzolánicos porque reaccionan con el hidróxido cálcico generado en la reacción de la alita con el agua y forman más gel de silicato cálcico hidratado C-S-H. Esta reacción es más lenta que la reacción de hidratación de la alita con el agua y por tanto la formación de este nuevo gel C-S-H se ve retrasada y con ello las resistencias mecánicas a edades cortas.

Si la adición activa es un material rico en calcio, como es el caso de una escoria vítrea de horno alto (puede contener hasta un 40% en óxido de calcio), en este caso se dice que la adición es un material "hidráulico", es decir, que finamente molida la adición y mezclada con agua reacciona igual que un cemento, formando también un gel tipo C-S-H. Nuevamente, esta reacción es más lenta que la de una alita con agua y el desarrollo resistente se ve retrasado a edades cortas, aunque a edades más avanzadas las resistencias son iguales o superiores a las de un cemento Portland sin adición. Igual sucede con las adiciones puzolánicas: a edades avanzadas de curado o hidratación se forma más gel de silicatos cálcicos hidratados (de la hidratación del cemento y de las reacciones puzolánicas o hidráulicas de las adiciones) y el resultado final es una mayor cantidad de productos de reacción, mayor densidad, mayor resistencia, menor porosidad y menor permeabilidad, y, por tanto, mayor durabilidad frente a agresivos externos.

Cementos especiales

Existen varios tipos de cementos diferentes del Portland, considerados especiales por sus aplicaciones y composiciones. Entre otros, se encuentran los cementos de aluminato de calcio, los cementos expansivos, los cementos decorativos (blancos), los cementos para pozo de petróleo, los cementos de magnesio, los cementos de fosfatos y los cementos dentales.

Los cementos de aluminato de calcio (*calcium aluminate cements*, CAC) son unos conglomerantes hidráulicos que se obtienen por la mezcla de bauxitas (fuente de aluminio), calizas o margas (fuente de calcio) hasta su fusión (por encima de los 1600 °C) en hornos rotatorios. El producto final (molido tras su salida del horno) se basa mayoritariamente en aluminato monocálcico, junto con ferritos cálcicos, tipo ferritoaluminato tetracálcico (hierro que puede proceder de las materias primas). Este cemento se rige por la norma europea UNE-EN 14647.

La fase de monoaluminato cálcico, en su reacción con el agua, genera unos productos de reacción hexagonales e inestables que con el tiempo evolucionan hacia otros estables de estructura cúbica. Esta transformación siempre se produce y, cuando ocurre, va acompañada de una pérdida de resistencias y aumento de la porosidad. La presencia de humedad puede acelerar el proceso de conversión y degradar los productos finales. Es lo que se conoce como hidrólisis alcalina, que tiene efectos muy destructivos en el hormigón de CAC, y que fue por ejemplo la causa de derrumbe de viviendas en los años noventa en Barcelona, donde se acuñó el término periodístico de "aluminosis".

Los morteros y hormigones de cemento de aluminato de cálcico fraguan en tiempos muy cortos (1-2 horas) y adquieren sus mayores resistencias a las 24 horas de amasado. No se pueden utilizar para fines estructurales ni mezclados con cemento Portland (está prohibido), pero sí pueden emplearse para reparaciones rápidas en caminos, pistas de aterrizaje, etc.

Los cementos expansivos son aquellos conglomerantes hidráulicos de carácter similar a los cementos Portland que pueden emplearse para fabricar hormigones que experimentan aumentos de volumen tan pronto como endurecen y, sin dejar de ser estables, desarrollan resistencias comparables a las alcanzadas por los hormigones Portland convencionales.

Tienen composiciones muy diferentes y se basan sobre todo en aluminatos cálcicos y óxido de calcio.

Estos cementos expansivos, además de una función demoledora, también se usan para preparar hormigones de retracción compensada. Hay que recordar que los cementos y hormigones Portland siempre experimentan retracción durante el proceso de secado por la eliminación del agua higroscópica. Estos hormigones expansivos contrarrestan este efecto y se emplean en aquellos casos en los que el control de volumen de la estructura es esencial (por ejemplo, solados, soporte de maquinaria, etc.).

Los cementos decorativos o cementos blancos son conglomerantes hidráulicos producidos de forma muy similar a los cementos Portland (en la gran mayoría de los casos en las mismas plantas de cemento), donde las materias primas del crudo son calizas y arcillas exentas de óxidos de hierro. Debido a esta falta de óxidos de hierro en la composición del crudo, la formación de su clínker precisa de temperaturas de cocción mucho más elevadas que las de uno de cemento Portland, ya que la fase intersticial (o fundente), formada por aluminatos y ferritos en el clínker Portland, no se produce en este clínker del cemento blanco. La temperatura de clinkerización en este caso es superior a 1500 °C.

El clínker de cemento blanco tiene una composición basada en alita, belita y aluminato tricálcico (en contenidos muy superiores a los de un clínker de cemento Portland) y exento de fase ferrítica. Es de molienda más difícil y también se mezcla con un regulador de fraguado. También pueden tener adición de caliza. Su composición y blancura se rigen de acuerdo a la norma UNE 80305. La fabricación de cemento blanco es más costosa energéticamente que la de un cemento gris o Portland y, por lo tanto, lo hace más caro.

Desde el grupo de investigación de la Química del Cemento (CSIC) se ha trabajado en el desarrollo de cementos blancos a menor temperatura de clinkerización mediante la adición al crudo de fundentes (normalmente, fluorita) que rebajan la temperatura de reacción y mineralizadores (normalmente, yeso) y aceleran las reacciones de clinkerización. Con este par fundente/mineralizador se puede obtener un clínker blanco a temperaturas inferiores a 1400 °C y, además, con bajos contenidos en aluminato tricálcico, lo que le hace resistente a los sulfatos. Estos estudios están patentados y probados positivamente, mediante pruebas industriales, en diferentes cementeras españolas.

Con los cementos blancos se pueden preparar morteros de albañilería y hormigones, pero debido a que son más caros que los cementos Portland grises, se suelen utilizar con fines decorativos, según las exigencias de algunos arquitectos que diseñan edificios y estructuras de color blanco.

Los cementos para pozos de petróleo se emplean para revestir las paredes y protegerlas del agua y gas (filtraciones) que se originan durante la perforación y reparación de pozos de petróleo o gas. Son conglomerantes hidráulicos muy similares a los cementos Portland. Las fases fundamentales de estos cementos son las mismas (aunque pueden estar en contenidos algo diferentes): alita, belita, aluminato tricálcico y fase ferrítica, junto con yeso u otro regulador de fraguado. Si el pozo está en zona marina o terrenos yesíferos, se deberá controlar y reducir, en lo posible, el contenido de aluminatos en el cemento, ya que estos son los más sensibles al ataque por sulfatos y agua de mar.

La fabricación de cementos para pozos de petróleo necesita mayor control en su fabricación que los cementos Portland, ya que su puesta en obra se realiza en condiciones más extremas (amplio rango de temperaturas y presión), así como su posible contacto e interacción con las rocas o aguas subterráneas, que pueden llevar sales disueltas y encontrarse en el pozo. Los principales requerimientos de los cementos para pozos de petróleo son: baja viscosidad, alto grado de consistencia y velocidad de endurecimiento controlada, ya que el material debe llegar hasta pozos de muy diferente ubicación y en muchas ocasiones elevada profundidad para, una vez allí, endurecer.

El American Petroleum Institute (API) reconoce hasta ocho clases diferentes de cementos para pozo de petróleo (desde cemento tipo A hasta tipo H). Como se ha dicho, estos cementos son una mezcla de clínker Portland con yeso y aditivos como reductores de agua, retardadores del endurecimiento y dispersantes. Es muy importante el control de todos los componentes de estos cementos para evitar comportamientos no deseados, además de ajustarse esas dosificaciones al tipo y condiciones del pozo de petróleo a revestir y proteger.

Los cementos de magnesio son una gama amplia de cementos basados en óxido de magnesio u otras formas carbonatadas o cloradas de magnesio. Son cementos conocidos desde hace varias décadas que ahora, por razones de sostenibilidad y medioambientales, se están volviendo a considerar. La calcinación de carbonato de magnesio se realiza a temperaturas inferiores (alrededor de 750 °C) que la calcinación de carbonato de calcio (por encima de 800 °C); además, algunos de estos cementos de magnesio son conglomerantes aéreos, es decir, el óxido de magnesio interacciona con el CO_2 ambiente, formando carbonatos o hidroxicarbonatos, fijando y reduciendo la huella de carbono. Hay que tener en cuenta que la disponibilidad de carbonato de magnesio (o magnesita) es limitada a nivel mundial, muy escaso en Europa, mientras que China, Rusia y Corea del Norte acaparan más del 65% de las reservas de este mineral a nivel mundial. Hay diferentes tipos de cementos de magnesio:

• Cementos de oxicloruro de magnesio, también conocidos como cementos Sorel. No son conglomerantes hidráulicos, sino aéreos, y se forman por la reacción del óxido de magnesio cáustico con disoluciones concentradas de cloruro de magnesio, formándose ese oxicloruro de magnesio. Estos cementos tienen unas buenas propiedades acústicas y elásticas y se utilizan por su color blanco para decoración de interiores como solados o imitación a estucos y mármol.

- Cementos de oxisulfato de magnesio (pueden tener diferentes formulaciones dependiendo de las condiciones de preparación, por ejemplo, la temperatura). Son también conglomerantes aéreos. Se caracterizan por una buena resistencia al fuego, baja conductividad térmica y buena resistencia a la abrasión. Se usan como paneles para protección contra incendios y aislantes.
- Cementos de carbonato de magnesio. Son materiales que desarrollan bajas resistencias y se emplean principalmente en bloques de mampostería. Tienen interés porque son capaces de fijar CO_2 en su composición.

Los cementos de fosfatos son otro tipo de conglomerantes muy diferentes de los cementos Portland. Entre ellos destacan los cementos de fosfato de zinc, que durante mucho tiempo se estuvieron utilizando como cementos dentales. Para esa aplicación concreta estaríamos hablando de unos biomateriales. En la actualidad se emplean en odontología biomateriales muy diversos (según se desee que sean permanentes o temporales) más avanzados e innovadores que estos iniciales cementos de fosfatos.

Otro tipo de cementos de fosfatos está basado en fosfatos de magnesio y de calcio que tienen aplicaciones como inmovilizadores de residuos radiactivos, en pozos de petróleo o en impresión 3D. En cualquier caso, son cementos de uso muy limitado por disponibilidad y en especial por falta de conocimiento preciso de su comportamiento a tiempos avanzados.

Ejemplo de hormigón romano en el panteón de Agripa (Roma, Italia).

Acueducto de Segovia, con detalle de la superposición de los sillares graníticos.

Detalle de mosaicos de una vivienda en Ostia Antica (arriba) y calzada del mercado de Trajano (abajo).

Coliseo romano (arriba) y termas de Caracalla (abajo).

Ciudad romana de Baelo Claudia (playa de Bolonia, Cádiz, España).

Fuente: Elaboración propia. Depositphotos.

Ciudad romana de Itálica (Sevilla, España).

Arriba, detalles de mosaicos de la ciudad romana de Itálica (Sevilla, España). Abajo, esquema de los hormigones y morteros romanos empleados en la preparación de los terrenos y suelos para los mosaicos.

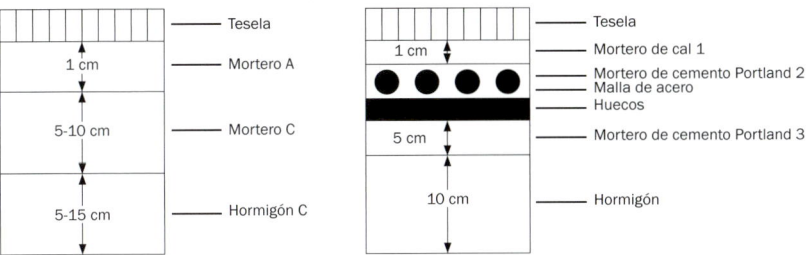

FUENTE: ELABORACIÓN PROPIA.

Faro de Smeaton (Plymouth, Reino Unido).

CAPÍTULO 4

Hormigones de cemento Portland y hormigones especiales

El hormigón es un material universal que, como ya se ha dicho anteriormente, es el segundo producto más empleado por el hombre después del agua. Es un material con unas ventajas evidentes, pues con él se pueden elaborar piezas de muy diferente forma, tamaño y espesor.

También, es un material con unas elevadas resistencias mecánicas a compresión, aunque es sabido que sus resistencias a tracción son bajas, pero se pueden aumentar reforzándolo con acero y dando lugar al hormigón armado y pretensado. Además de su comportamiento resistente al hormigón, también se le exige durabilidad alta tras su ejecución y puesta en servicio. En la actualidad, las construcciones en hormigón tienen una vida útil superior a 50 años, y se pretende que su vida en servicio se alargue y con ella se reduzcan los gastos de conservación y mantenimiento, intentando superar al menos los 150 años. No obstante, es cierto que hay edificaciones y obras públicas de hormigón que persisten tras 100 años, aunque en muchos casos han precisado de obras de mantenimiento y rehabilitación.

Composición y preparación del hormigón de cemento Portland

El hormigón de cemento Portland es un material de construcción de multicomponentes y heterogéneo. Sus componentes básicos son el cemento Portland como material conglomerante hidráulico, que suele estar en una proporción entre el 10-18% en la composición del hormigón, gravas, arenas (llamadas también áridos), que pueden suponer hasta el 80% en masa del hormigón, y agua. Además, para mejorar las propiedades del producto final se suelen añadir aditivos orgánicos e inorgánicos (que ya es considerado como el cuarto componente del hormigón por su uso prácticamente constante en todo tipo de hormigón), refuerzos metálicos, fibras y nanopartículas de diferente naturaleza y otros materiales que puedan inducir propiedades o características especiales a estos materiales.

Además del cemento Portland, del cual ya se ha hablado en el capítulo anterior, los áridos son componentes esenciales y mayoritarios de un hormigón. Normalmente son materiales de procedencia natural, aunque también pueden ser artificiales (por ejemplo, áridos reciclados procedentes de demolición y construcción), con un tamaño entre 1 y 100 mm, y de naturaleza mayoritariamente inorgánica. Pueden ser granulares naturales rodados o de machaqueo.

Por su influencia en las propiedades del hormigón en estado fresco o endurecido, es importante conocer de los áridos: su composición química, estructura petrográfica (si son de origen pétreo), tamaño, forma, textura superficial, densidad, absorción de agua, porosidad, dureza, resistencia, color, etc. Los áridos deberían ser inertes en lo posible con los componentes del cemento y las condiciones ambientes. Esto no siempre es posible porque en muchas ocasiones se deben utilizar los áridos disponibles y cercanos a obra y pueden tener cierta reactividad, por ejemplo, con los álcalis (óxidos de sodio y potasio) de la pasta de cemento.

Entre los áridos naturales, los que más se suelen utilizar son los silíceos, calizos, graníticos, etc. Entre los artificiales, destacan las arcillas expandidas, las escorias, el poliestireno expandido, los áridos reciclados de hormigón, etc.

El tercer componente básico del hormigón es el agua. Se aconseja que esté lo más limpia posible, libre de impurezas que puedan afectar a las reacciones de hidratación del cemento. No se deben utilizar como aguas de amasado las aguas de mar, de pantanos, con azúcares, aceites procedentes de residuos industriales, especialmente cuando el hormigón está armado o pretensado, ya que puede haber peligro de corrosión de las armaduras.

Los aditivos son aquellos materiales que se adicionan en contenido bajo (inferior a un 5% en peso de cemento) y que inducen modificaciones en el hormigón, tanto en estado fresco como endurecido. Son tan habituales que se les considera el cuarto componente del hormigón. Pueden ser de naturaleza orgánica o inorgánica y su dosificación debe ser controlada y depende de la naturaleza del cemento (por ejemplo, con o sin adiciones minerales) e incluso de la composición mineralógica del propio cemento (como el contenido de aluminato tricálcico). Su función principal es la de producir la modificación deseada en el hormigón. Los aditivos se adicionan junto con el agua de amasado o bien algo retardados tras unos primeros minutos del amasado.

Los romanos ya usaban aditivos en la preparación de sus morteros y hormigones, adicionando grasa animal, sangre, orina, leche, clara de huevo, etc., para así mejorar la trabajabilidad e incrementar las resistencias y la durabilidad de los materiales.

La variedad de aditivos comerciales en la preparación de hormigones es enorme. Dependiendo de su función principal, se pueden distinguir distintos aditivos, como aquellos que reducen el contenido de agua de amasado (por ejemplo, plastificantes y superplastificantes), aditivos modificadores de la viscosidad, aditivos inclusores de aire (con efecto positivo en zonas de heladas), aceleradores de endurecimiento o retardadores del fraguado, aditivos de curado, aditivos modificadores de la retracción, aditivos hidrófugos de masa (que pueden reducir la absorción capilar), aditivos inhibidores de la corrosión de las armaduras, colorantes o pigmentos, etc. En ocasiones, se emplean mezclas de aditivos para conseguir las propiedades necesarias del hormigón; es muy importante conocer el efecto individual y colectivo de aditivos para obtener el hormigón deseado.

También se pueden adicionar al hormigón algunos materiales activos, similares o iguales a los empleados en la preparación de cementos, tales como cenizas volantes y humo de sílice, que inducen propiedades adicionales asociadas a mayores resistencias y durabilidad. Hay que tener en cuenta, de cualquier manera, el tipo, granulometría y dosificación de estas adiciones para obtener el hormigón de mejores prestaciones mecánicas y persistentes en el tiempo. Es decir, un buen hormigón debe ser aquel en el que sus componentes estén bien definidos y conocidos, de manera que tengan un comportamiento óptimo en el producto final.

De acuerdo con el profesor Manuel Fernández Cánovas (2013), los hormigones pueden clasificarse en dos grandes tipos: convencionales (o tradicionales) y especiales. Los primeros son aquellos que por sus características y puesta en obra se emplean mayoritariamente en edificación y obras públicas. Los hormigones especiales tienen características diferenciadas a los convencionales, tales como elevadas densidad y resistencias mecánicas, autocompactación, autorreparación, fabricación aditiva para 3D, etc., y sus aplicaciones son mucho más específicas.

La mayor parte de los hormigones que se emplean en construcción se realizan en centrales de hormigón preparado o en obra, y son básicamente los hormigones en masa (sin refuerzo) y los hormigones armados (con refuerzos de acero).

También se pueden preparar los hormigones en prefabricación y posterior colocación de la pieza final en obra, como es el caso de los hormigones pretensados (en los que el acero ha sufrido un proceso previo de tracción).

Una de las principales funciones de los hormigones es para uso estructural y estos pueden ser los hormigones en masa, armados o pretensados. Entre los que no tienen una aplicación estructural están los de limpieza (son en muchos casos hormigones de sacrificio con un espesor reducido y no se requieren resistencias muy elevadas). También son hormigones no estructurales aquellos que se emplean en aceras, pavimentos, bordillos, etc. Para estos hormigones no estructurales no se requieren contenidos elevados de cemento y las resistencias a compresión no deben ser inferiores a 15 N/mm^2.

La vida útil del hormigón depende de la dosificación, ejecución, proceso de curado, aplicación y condiciones de servicio. La dosificación de los diferentes componentes del hormigón tiene como objeto preparar las mezclas más adecuadas de manera que el hormigón final posea las características más idóneas en consistencia, compacidad, resistencia y durabilidad para los fines que se pretenden del material y de la edificación en su conjunto.

Tanto la fabricación del hormigón como su transporte y su puesta en obra tienen una gran importancia en las propiedades y características del producto final. Este proceso de fabricación se inicia con el amasado de sus componentes sólidos (cemento, gravas, arena…) con el agua, y tiene como finalidad recubrir los áridos (gravas y arenas) de una capa fina de cemento y conseguir una mezcla homogénea. Si se usan aditivos, estos se pueden adicionar junto con el agua o incorporarse algún tiempo después de iniciado el amasado. Normalmente, se emplean amasadoras u hormigoneras, y el tiempo de amasado debe ser ajustado para conseguir una buena homogeneidad. No hay que olvidar que el agua participa también en las reacciones de hidratación del cemento y se encuentra formando parte de los principales productos de reacción.

Si el hormigón tiene que ser transportado a la obra, dependiendo de la distancia, este transporte se puede realizar por diferentes medios, desde carretillas, monocarriles, camiones hormigoneras, cintas transportadoras, bombeo, etc. Se debe asegurar que la temperatura del hormigón durante todo el transporte esté controlada y no supere los 30 °C ni sea inferior a 5 °C.

La puesta en obra del hormigón puede requerir encofrados tanto de madera como metálicos y suponen un elemento auxiliar o una estructura temporal para dar forma y contener el hormigón fresco, generalmente armado, en estructuras *in situ* hasta su endurecimiento. Estos encofrados aseguran unos acabados del hormigón de acuerdo a las necesidades del constructor o arquitecto (liso, rugoso, etc.).

A continuación, el hormigón se pondrá en obra (con o sin encofrados) y compactará de modo que se asegure que mantenga esa homogeneización, y tanto los áridos como las armaduras queden totalmente cubiertos con la masa del hormigón para conseguir una buena adherencia. Las condiciones ambientales de la puesta en obra del hormigón pueden afectar a la calidad del mismo y habrá que tomar medidas si las temperaturas externas son extremas (por bajas o elevadas), ya que se pueden afectar los procesos de hidratación del cemento y retrasar o acelerar las reacciones, con los consiguientes efectos en el fraguado y desarrollo resistente del hormigón. Tanto en un caso como en otro hay que proteger al hormigón (cubriéndolo o regándolo) e incluso modificar la dosificación del hormigón (mayor o menor contenido de cemento) para evitar estos efectos indeseables asociados a las condiciones externas de puesta en obra.

El hormigón también se puede preparar en fábrica en condiciones controladas, y en ese caso estaríamos hablando del hormigón prefabricado (sin o con pretensado). Al igual que el hormigón preparado en obra, el hormigón prefabricado requiere una calidad y dosificación de componentes (materias primas) adecuada y unos procesos de curado (normalmente se prepara el hormigón a temperaturas inferiores a 65 °C) controlados. Este sistema de prefabricación utiliza moldes de muy diferentes tipologías y un alto grado de automatización y desarrollo tecnológico, lo que hace posible fabricar piezas de gran tamaño, complejas, con diseños especiales y acabados difícilmente imaginables por otras vías. Las piezas prefabricadas una vez elaboradas solo hay que transportarlas a la obra y colocarlas en las ubicaciones previamente establecidas.

Comportamiento y propiedades del hormigón en estado fresco y endurecido

Independientemente de la dosificación o tipo de hormigón, se puede considerar que tiene dos estados: fresco y endurecido. El hormigón fresco es aquel que posee las cualidades plásticas que le permite moldearse, y este estado comprende desde que finaliza el proceso de amasado hasta que se inicia el fraguado del cemento. La pasta de cemento es la que une los áridos en el hormigón y le proporciona esa plasticidad influyendo en la reología del mismo. El hormigón endurecido es aquel que ya tiene una forma sólida definida y las características físicas y mecánicas que lo caracterizan son preferentemente la resistencia a compresión, así como su densidad y elasticidad.

La duración del estado fresco del hormigón es variable y depende del tipo y contenido de cemento, de la cantidad de agua, de la temperatura, del empleo de aditivos, etc. Los aditivos superplastificantes son aquellos que más efecto tienen en el comportamiento del hormigón en estado fresco, ya que permiten reducir los contenidos de agua de amasado manteniendo la plasticidad. Estos aditivos son moléculas orgánicas de gran tamaño que se adsorben sobre las partículas de cemento creando unas cargas negativas sobre estas partículas de cemento, lo que induce su repulsión electrostática entre ellas (por ejemplo, basados en lignosulfonatos, derivados de naftalenos o melaninas) o bien, al ser moléculas de gran tamaño, generan una repulsión estérica entre las partículas (como aditivos policarboxilatos) (figura 4).

Figura 4
Esquema de repulsión eletroestérica de los aditivos superplastificantes.

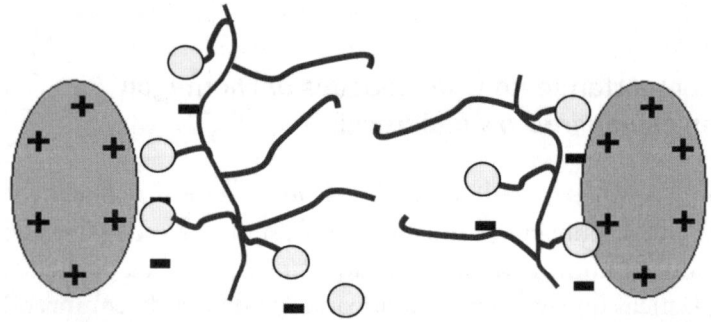

Durante este estado fresco del hormigón, por las acciones del transporte y puesta en obra sus componentes pueden separarse y provocar problemas de segregación y exudación, lo que implica una falta de homogeneidad en el producto final y unas consecuencias negativas en el estado endurecido. A un hormigón hay que pedirle que tenga consistencia y docilidad. La consistencia es la oposición a que ese hormigón sufra deformaciones y depende de la dosificación del hormigón; por su parte, la docilidad es la facilidad con la que el hormigón es manejado, colocado y compactado en moldes o encofrados con la mínima pérdida de homogeneidad, es decir, sin segregación ni exudación.

Tras la puesta en obra y compactación es importante que el hormigón fresco tenga un curado adecuado durante varios días para asegurar las propiedades deseadas. El curado del hormigón tiene como objetivo evitar la pérdida de agua y controlar la temperatura del mismo durante el proceso inicial de la hidratación de las fases del cemento.

El control del estado fresco del hormigón es fundamental para establecer la microestructura final del hormigón y por lo tanto su comportamiento en estado endurecido. La característica más relevante del hormigón en este estado es su resistencia a compresión, aunque también son relevantes las propiedades asociadas a su densidad y porosidad o permeabilidad, muy relacionadas con la durabilidad del hormigón. Igual de importante es la estabilidad dimensional del hormigón asociada a los fenómenos de retracción o variaciones de volumen, debidos a la eliminación del agua en el sistema poroso, deformaciones por cargas, cambios de temperatura, etc.

El comportamiento de resistencia, durabilidad y estabilidad de volumen de un hormigón de cemento Portland está íntimamente relacionado con su microestructura. Esta va a depender principalmente de la dosificación del hormigón (contenido de cemento, granulometría y naturaleza de los áridos), de la relación agua/cemento y árido/cemento, de la presencia o no de aditivos y de las condiciones de curado y conservación del mismo. La microestructura de un hormigón es muy similar a la ya descrita en una pasta de cemento, pues está formada por fases sólidas, los espacios vacíos o poros no rellenos por los productos sólidos y el agua o fase acuosa que esté en esa estructura porosa.

Las fases sólidas de un hormigón endurecido son los productos de hidratación del cemento e incluso el cemento anhidro que quede sin reaccionar y los áridos. La microestructura de la pasta de cemento en las zonas alrededor de los áridos es diferente a la del resto del material y se caracteriza por tener una mayor porosidad y mayor cantidad de productos cristalinos (por ejemplo, hidróxido de calcio y etringita), además de menor cantidad de productos de gel de silicato cálcico hidratado, lo que la hace, en términos generales, más débil y con mayor facilidad de fisuración. A esta microestructura diferente (y menos resistente) entre el árido y la pasta de cemento se la conoce como interfacial, intersticial o de transición (figura 5).

FIGURA 5

Micrografía de una zona intersticial árido-pasta de cemento. A: árido; B: cristales grandes de portlandita; C: matriz de pasta de cemento.

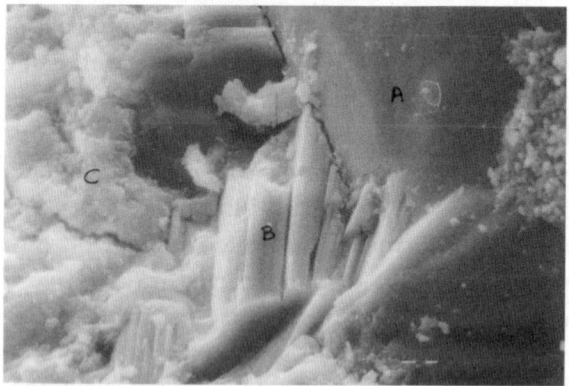

El hormigón de cemento Portland es un material que trabaja mayoritariamente a compresión, pero en ocasiones se precisa que trabaje también a flexión o flexotracción, como es el caso de pavimentos, firmes de carreteras, pistas de aterrizaje o naves industriales.

Además de las resistencias mecánicas del hormigón, y muy íntimamente relacionadas con ellas, está la densidad, otra propiedad muy importante de este material, que depende de la dosificación y granulometría de los áridos, de la relación agua/cemento y de la presencia de aditivos superplastificantes o reductores de agua, ya que cuanta menos agua de amasado haya, menor es la porosidad del hormigón y mayor la densidad.

La elasticidad es otra propiedad del hormigón endurecido. Conocer el módulo de elasticidad o módulo de deformación longitudinal de un hormigón es importante para determinar su forma de trabajar en las estructuras para las que está destinado. De esta manera, el módulo de elasticidad es tanto mayor cuanto mayor es la resistencia del hormigón y mayor es la edad del mismo. Por tanto, al igual que en las resistencias mecánicas, los componentes del hormigón tienen una gran influencia en esta propiedad.

El hormigón y las obras que con él se construyen están destinadas a durar en el tiempo, no solo desde el punto de vista de resistencia, sino también tras su exposición a ambientes externos. La durabilidad de un hormigón se define como la capacidad del material para resistir la acción del envejecimiento frente al ataque físico, mecánico y químico. Un hormigón es duradero cuando, después de su exposición a las condiciones ambientales, conserva su forma original, su calidad y puesta en servicio. Un hormigón fuerte es un hormigón durable. En el diseño de un hormigón para una estructura expuesta a condiciones externas de cierta agresividad se deben considerar tanto las resistencias mecánicas como la durabilidad.

Al ser el hormigón un material poroso, su durabilidad está íntimamente relacionada con la porosidad del mismo, de ahí que la permeabilidad sea una propiedad intrínseca del hormigón y esté relacionada con la penetración y transporte de sustancias agresivas desde el exterior al interior. El agua suele ser el medio idóneo para introducir en el sistema poroso del hormigón esas sustancias agresivas que pueden interaccionar con las fases hidratadas del cemento y conducir a su deterioro parcial o total.

Un aspecto importante es la intercomunicación entre los poros en el hormigón: cuanto mayor sea esa interconexión, más expuesto estará a la agresión y su duración será menor. Lo ideal, desde el punto de vista de la durabilidad, es preparar hormigones poco porosos y con baja intercomunicación de estos. Eso se consigue con aditivos superplastificantes que permiten fabricar hormigones con bajas relaciones agua/cemento.

En términos generales, un hormigón bien preparado (compacto) presenta una buena durabilidad cuando se encuentra sometido a unas condiciones normales de agresividad y ambiente. Los agentes agresivos que pueden atacar a un hormigón pueden clasificarse en dos grandes categorías:

1. Agentes externos: ion cloruro, interacción del CO_2, los sulfatos, agua de mar, ciclos hielo-deshielo, bacterias, abrasivos, etc.
2. Agentes internos: álcalis del cemento, ion cloruros de aditivos, etc.

Las causas de deterioro en el hormigón se pueden considerar que son de tipo físico/mecánico y químico. Entre las de tipo físico/mecánico destacan la abrasión, la erosión, los cambios de volumen asociados a procesos expansivos de hielo-deshielo o altas temperaturas (como es el caso de fuego o incendios), impactos y cargas cíclicas, cristalización de sales, etc.

Las causas químicas de deterioro del hormigón están muy relacionadas con la composición de la pasta de cemento hidratada y la interacción árido-pasta de cemento. El componente de la pasta de cemento más susceptible (por su mayor solubilidad) es la portlandita o hidróxido cálcico, que, como ya se ha dicho, se forma en la hidratación de la alita (silicato tricálcico) y belita (silicato bicálcico). Hormigones con altos contenido en portlandita pueden ser menos durables en el tiempo, ya que este hidróxido puede reaccionar con agentes externos de naturaleza ácida (por ejemplo, lluvia ácida) y con el CO_2 atmosférico, provocando la carbonatación del hormigón. Dicha carbonatación puede tener efectos negativos porque puede despasivar (iniciar la corrosión de sus armaduras), pero también puede tener efectos positivos porque puede fijar ese CO_2 como un sumidero de este gas de efecto invernadero.

Agentes químicos agresivos al hormigón son los sulfatos y el agua de mar, y para evitarlo se aconseja usar cementos resistentes a estos agentes agresivos (como cementos con bajos contenidos en aluminato tricálcico y altos contenidos en escorias vítreas de horno alto). Estos ataques conducen a la formación de productos de reacción expansivos (yeso y etringita), que pueden provocar la destrucción total de la estructura de hormigón. El hormigón también es susceptible a la difusión de iones cloruros (de origen marino) a través de su estructura porosa y estos pueden provocar también fenómenos de corrosión en las armaduras de refuerzo.

Entre los ataques químicos de origen interno, es relevante la reacción que puede ocurrir entre áridos (aquellos no silíceos y con contenidos de ópalos o sílice amorfa) y los álcalis del cemento. Como consecuencia de esa reacción se forman silicatos alcalinos hidratados, que también tienen un carácter expansivo y que pueden producir una destrucción considerable de la estructura del hormigón. En ocasiones, este proceso es inevitable porque los áridos disponibles tienen esa reactividad. Se aconseja utilizar, en estas ocasiones, aditivos que minimicen este fenómeno junto con cementos con bajos contenidos en álcalis y adiciones minerales como las cenizas volantes y las escorias de horno alto.

En cualquier caso, el hormigón es un material de alta durabilidad y lo que es aconsejable es preparar hormigones acordes y estables física y químicamente, de acuerdo con las condiciones externas a las que se va a encontrar la estructura preparada con este material.

En 2021, se aprobó en España el Código Estructural, que es el reglamento vigente para regular las estructuras de hormigón, de acero y mixtas de hormigón/acero, tanto de edificación como de obra civil. En este código se incluyen aspectos tan importantes como los relacionados con las aplicaciones del hormigón estructural, las condiciones técnicas y administrativas, los requisitos básicos de las estructuras y conceptos generales aplicables a cualquier tipo de estructura en relación con el cálculo, la ejecución, el control de calidad y el mantenimiento de las mismas.

Hormigones especiales

Como ya se ha comentado, el hormigón de cemento Portland es un material que exhibe una buena resistencia a compresión (resistencia a ser aplastado), pero baja resistencia a flexión (resistencia a ser doblado) y tracción (resistencia a ser estirado), y es por ello que el hormigón se refuerza con armaduras metálicas (acero, principalmente) frente a estos comportamientos débiles. A pesar de no ser propiamente dicho hormigones especiales y patentados desde hace más de un siglo y medio, en esta sección se van a describir brevemente a los hormigones armados y pretensados que son los hormigones estructurales más utilizados (vigas, columnas, losas, etc.).

El hormigón armado es la unión de dos materiales (hormigón y acero) que trabajan como uno solo, siendo por tanto la adherencia entre ambos de gran importancia para asegurar un óptimo comportamiento y buenas prestaciones, buscando incrementar la resistencia a flexión.

El hormigón pretensado es aquel en el que el refuerzo metálico es sometido a tensión o estiramientos antes de ser introducido en el propio hormigón para mejorar la resistencia del conjunto frente a la tracción. Se suelen preparar en plantas de prefabricados.

El deterioro de estos hormigones pasa, en la mayoría de las ocasiones, por la corrosión de esa armadura metálica. Ya se ha mencionado que, en las condiciones intrínsecas del hormigón, la fase acuosa en el sistema poroso del mismo tiene un pH superior a 12,5, lo que asegura una pasivación (no corrosión) de las armaduras. Sin embargo, agentes externos y fenómenos de deterioro (como los asociados a la carbonatación del hormigón) pueden modificar y bajar ese pH, provocando la corrosión del acero (despasivación) y formando productos expansivos que pueden conducir a la fisuración y total deterioro del hormigón. Los cloruros en ambientes marinos también pueden provocar corrosión de las armaduras. Se aconseja que, si los hormigones armados o pretensados van a estar en estos ambientes agresivos, los espesores de hormigón en las zonas de las armaduras sean más elevados para evitar o reducir dicha corrosión.

Los hormigones de altas y muy altas resistencias son aquellos que superan los 150-200 N/mm². Son hormigones que usan cementos con altos contenidos en silicato tricálcico. El tipo, naturaleza y tamaño de los áridos es otro factor a considerar, junto con la utilización de aditivos superplastificantes que permiten reducir la relación agua/cemento de manera drástica y obtener materiales de muy baja porosidad y alta densidad. También se pueden adicionar materiales activos (por ejemplo, humo de sílice) que incrementan la densidad del mortero por su reactividad con el hidróxido cálcico de la pasta y formación de más gel de silicato cálcico hidratado. Estos hormigones no solo tienen buenas prestaciones mecánicas, sino que también son más durables al ser materiales de muy baja porosidad y permeabilidad. Su utilización ha sido imprescindible en la construcción de rascacielos, puentes o vigas. Además, tiene ventajas con respecto a un hormigón tradicional (pese a ser más caro) por la menor dimensión de los elementos, la reducción de acero, espacios más libres, etc.

Los hormigones ligeros son aquellos que tienen una densidad igual o inferior a 2,0 kg/dm³, y se consigue sustituyendo la parte sólida del hormigón (pasta de cemento o áridos) por gas, espuma o áridos más ligeros que los convencionales, como piedra pómez, arcillas expandidas, perlitas y vermiculitas expandidas, poliestireno expandido, etc. Su empleo permite disminuir el peso de las estructuras. Gracias a esos áridos alternativos estos hormigones tienen un buen comportamiento como aislantes térmicos en elementos de cerramiento.

Los hormigones celulares son aquellos que introducen materiales que pueden, al interaccionar con los componentes del cemento, generar gases. Son hormigones de bajas resistencias y densidad, tienen un buen comportamiento como aislantes térmicos y se suelen presentar en bloques para tabiques y muros.

Los hormigones autocompactantes son aquellos que tienen una gran fluidez (debida a aditivos superplastificantes de última generación) y mantienen la cohesión de sus componentes, ya que se compactan por la acción de su propio peso. Son hormigones muy resistentes y con baja permeabilidad (buena durabilidad), y tienen una rápida y cómoda puesta en obra, eliminando la vibración mecánica con la disminución de ruido y la necesidad de menos operarios. Tienen unas dosificaciones más específicas que los hormigones convencionales. Hoy en día, ya están muy establecidas las características composicionales y de comportamiento de estos hormigones. Sus aplicaciones son muy amplias, desde estructurales en cimentaciones, paredes, suelos, pavimentos, etc. También en prefabricación, ya que su elevada fluidez permite fabricar piezas (armadas o no) de gran tamaño y complejidad.

Los hormigones con fibras ayudan a mejorar las prestaciones de muchos hormigones en estado fresco y endurecido. La adición de fibras en la preparación de hormigones es algo que se hacía desde antiguo: tanto en adobes como en hormigones de cal se utilizaban fibras de crines de caballo, pelos de cabra o fibras vegetales. Actualmente, hay una gran variedad de fibras que pueden incorporarse al hormigón, desde las artificiales (acero, polipropileno, vidrio…) a las naturales (yute, bambú, sisal...). Pueden ser minerales, orgánicas y metálicas. Su dosificación en el hormigón es variable dependiendo del tipo y naturaleza de la fibra, pero suele oscilar entre el 2-4% del volumen total del hormigón.

Entre las metálicas, las fibras más empleadas son las de acero, por ser muy eficaces y económicas, y su incorporación tiene efectos positivos en el hormigón: aumento de la resistencia a la compresión, flexotracción y tracción; aumento de la resistencia al impacto y fatiga; aumento de la tenacidad, y fisuración controlada. Los hormigones reforzados con fibras de acero se emplean en prefabricación para tubos, canales, etc., además de para pavimentos, carreteras, pistas de aeropuerto, revestimiento de túneles, entre otros.

Entre las fibras poliméricas que se utilizan en la preparación de hormigón están las de polipropileno, acrílicas, de alcohol vinílico, etc., siendo las de polipropileno las más frecuentes. Mejoran también las resistencias al impacto y flexotracción de los hormigones, pero en menor medida que los hormigones reforzados por fibras de acero. Se emplean especialmente en hormigones bombeados y proyectados (también llamados gutinados).

Los hormigones reforzados con fibras de vidrio mejoran la tenacidad y la capacidad de absorción de energía y son especialmente útiles para revestimientos de túneles. Pueden tener el inconveniente de su durabilidad en los medios altamente básicos de los sistemas de cemento, que pueden conducir a la disolución de las fibras de vidrio. Gracias a nuevos sistemas de recubrimiento de las fibras se ha mejorado este punto débil.

La elección del tipo de fibra, dosificación, longitud, diámetro, esbeltez, etc., junto a la dosificación propia del hormigón, da lugar a hormigones de características muy diferenciadas y, por tanto, a aplicaciones muy diversas. En términos generales, los hormigones reforzados con fibras aumentan las resistencias a tracción, flexión e impacto. Un caso especial y novedoso de hormigones con fibras son los traslúcidos, que permiten pasar la luz y que se obtienen por la mezcla de un cemento blanco, áridos finos y gruesos, fibras de vidrio, agua y un aditivo denominado "ilum", que incrementa la resistencia del hormigón y le confiere esa propiedad tan especial. Dichos hormigones tienen fundamentalmente una aplicación decorativa y estética, además de las mejores prestaciones mecánicas que pueda exhibir.

Otro grupo amplio de hormigones especiales son aquellos con nanopartículas. Se entiende como nanopartículas a los materiales que se encuentran en la escala nanométrica (1 nm = 10-9 m), siendo su incorporación en el hormigón por debajo de 100-200 nm, dando lugar al desarrollo de nuevos materiales con propiedades y funciones avanzadas. La nanociencia y la nanotecnología aplicada a los materiales de construcción ha permitido el desarrollo de nuevas formulaciones y, en especial, nuevas aplicaciones.

Algunas de las propiedades de interés en la nanoingeniería del hormigón son la resistividad eléctrica, la capacidad de monitorizar cambios, la autolimpieza, la autorreparación, la ductilidad, la alta resistencia, el autocontrol de la fisuración, la mejora de la durabilidad, entre otras.

Son diversos los tipos de nanopartículas cuyo comportamiento y efecto se ha evaluado en mezclas de cemento Portland: nanosílice, nanoalúmina, nanoóxidos de hierro, nanotitania, nanoarcillas, nanocaliza, bacterias, etc. Entre las nanofibras, destacan los desarrollos con nanotubos de carbono. También se han desarrollado estudios sobre nanopartículas de cemento que inducen cambios importantes en los procesos de hidratación de las fases del cemento, actuando como puntos de nucleación y acelerando e intensificando las reacciones de hidratación. En términos generales, su incorporación al hormigón, además de las nuevas funcionalidades que le aporten, da lugar a materiales de menor porosidad y mayor densidad y, por tanto, de mayor resistencia a compresión y más largas vidas útiles de las estructuras.

Destacan entre estos hormigones con nanopartículas aquellos descontaminantes y autolimpiantes que son los que incorporarán en su composición nanotitania o nanoóxido de titanio (tanto en su forma de rutilo como anatasa). Estos nanoóxidos de titanio son un potente agente fotocatalítico. La interacción de la luz solar con este tipo de nanopartícula induce la formación de agentes muy oxidantes que por una acción fotocatalítica pueden degradar agentes tales como óxido de nitrógeno, monóxido de carbono, compuestos orgánicos volátiles (VOC), clorofenoles y aldehídos, típicos de atmósferas contaminadas. En este sentido, se pueden utilizar hormigones con esta nanoadición (con contenidos no superiores al 5% en peso de cemento) para reducir la contaminación ambiental en zonas urbanas o industriales. Además, también poseen un efecto autolimpiante, basado en el hecho de que las sustancias orgánicas adsorbidas en la superficie de la nanopartícula se activan, de modo que los átomos de carbono de las cadenas orgánicas van siendo eliminados en forma de CO_2, en un proceso secuencial.

Los hormigones autorreparables son otro tipo de hormigones especiales. Los métodos que existen para reducir la fisuración del hormigón son variados, desde la incorporación de fibras (como ya se ha comentado), adiciones minerales, control en el curado y retracción, etc. Sin embargo, durante la vida útil del hormigón es, en la mayoría de los casos, imposible evitar esa fisuración, que pone en peligro la estabilidad a largo plazo del mismo, pues a través de esas fisuras pueden introducirse agentes agresivos y hacerlo más vulnerable. Un método relativamente reciente para proteger las estructuras de hormigón es el incorporar bacterias en la mezcla (pueden estar encapsuladas o introducirse por inyección), de tal manera que se produce la descomposición de la urea y con el calcio que hay en el sistema del hormigón se forma carbonato cálcico, que puede rellenar grietas de hasta 4 mm. Este efecto autorreparador depende de factores tales como el método de aplicación de la bacteria y el mantenimiento de esta viva.

Por último, aparecen los hormigones 3D, que son aquellos fabricados mediante tecnologías de impresión 3D o fabricación aditiva. Estos deben presentar unas características reológicas especiales de plasticidad y no segregación, por lo que deben incorporar mezclas de aditivos que controlen la reología (como superplastificantes, reductores de la viscosidad, etc.). El hormigón impreso en 3D elimina la necesidad de encofrado, lo que reduce el desperdicio de material y permite una mayor libertad geométrica en estructuras complejas. Con los desarrollos recientes en el diseño de mezclas y en la tecnología de impresión 3D durante la última década, la impresión de hormigón 3D ha crecido exponencialmente desde su aparición en la década de los noventa.

Las aplicaciones arquitectónicas y estructurales del hormigón impreso en 3D incluyen la producción de bloques de construcción, módulos de construcción, mobiliario urbano, puentes peatonales y estructuras residenciales de poca altura.

CAPÍTULO 5

Cemento, hormigón y cambio climático

La Unión Europea asumió, en el marco de la Conferencia de las Naciones Unidas sobre el Cambio Climático de 2015, en París, el compromiso de avanzar hacia la neutralidad del carbono en la segunda mitad del siglo XXI. Los efectos del cambio climático se van haciendo cada vez más visibles y se van extendiendo. En Europa, al igual que en otros países, estamos viviendo temperaturas extremas, sequías, lluvias torrenciales, inundaciones y deslizamientos de tierra. El aumento del nivel del mar, la pérdida de hielo en los polos, la acidificación de los océanos y la pérdida de biodiversidad son, entre otras, algunas de las consecuencias del cambio climático. Limitar el calentamiento global a 1,5 °C es esencial para controlar el cambio climático, de acuerdo con el Panel Intergubernamental para el Cambio Climático (IPCC).

La Unión Europea es el tercer emisor de gases de efecto invernadero, tras China y Estados Unidos. Es por eso que, en diciembre de 2019, la Comisión Europea presentó el Pacto Verde Europeo (aprobado en junio del 2021), cuyo objetivo es que Europa sea climáticamente neutra para 2050. Este objetivo se alcanzará a través de la Ley Europea del Clima, que busca que la neutralidad climática sea legalmente obligatoria en la Unión. El objetivo de la ley es reducir las emisiones un 55% (el paquete legislativo se conoce como "Objetivo 55") para 2030 respecto a los niveles de 1990 y alcanzar la neutralidad climática o carbónica para 2050. La neutralidad de carbono se consigue cuando se emite la misma cantidad de dióxido de carbono a la atmósfera de la que se retira por distintas vías, lo que deja un balance cero, también denominado huella cero de carbono. Hay distintas formas de conseguir este equilibrio: la más saludable es no emitir más CO_2 del que pueden absorber de forma natural los bosques y las plantas, que funcionan como sumideros de carbono a través del proceso de fotosíntesis. También se pueden reducir emisiones y avanzar hacia la neutralidad de carbono a través de la llamada compensación de carbono, que consiste en equilibrar las emisiones emitidas en un sector determinado mediante la reducción de CO_2 en otro lugar. Esto puede conseguirse a través de inversiones en energías renovables, eficiencia energética y otras tecnologías no contaminantes. El sistema de comercio de emisiones de la UE (Emissions Trading System, ETS) es otra forma de limitar las emisiones. Es decir, pagar un impuesto medioambiental sobre la emisión de CO_2.

Como se ha ido describiendo a lo largo del libro, la fabricación de cemento Portland implica una emisión elevada de CO_2 a la atmósfera (se estima que entre el 7-9% del total de las emisiones de este gas), debido a que la principal materia prima del crudo (alrededor del 80%) son las calizas, que deben descarbonatarse para generar el óxido de calcio necesario para la formación de los silicatos y aluminatos cálcicos, además de utilizar combustibles fósiles que también emiten gases de efecto invernadero, junto con las emisiones indirectas debidas a la energía térmica (asociada al horno de la planta) y eléctrica utilizadas en los molinos y en el transporte de las materias primas y cemento final. Esto supone que más del 80% de las emisiones de CO_2 generadas en la producción del hormigón se deban al cemento. Ese porcentaje disminuye si en el hormigón hay más componentes, como adiciones activas, refuerzos metálicos, etc.

El sector cementero y el del hormigón (y el de la construcción en general), junto con la comunidad científica, está muy implicado en conseguir reducir de manera significativa las emisiones de CO_2 en el proceso de fabricación de estos materiales de construcción.

El Pacto Verde Europeo reconoce explícitamente a la industria del cemento como una de las más esenciales para la economía de la Unión Europea, ya que abastece varias cadenas de valor clave. Además, identifica al sector de la construcción como uno de los puntos de enfoque fundamentales para alcanzar la estrategia de economía circular, al ser un sector capaz de reutilizar y valorizar una gran cantidad y variedad de residuos y subproductos industriales de diferentes sectores. La industria europea del cemento comparte la visión de un sector de la construcción neutro en carbono en Europa. Para alcanzar este objetivo, es necesario un esfuerzo concertado: desde los arquitectos hasta los especificadores, desde los reguladores hasta las agencias de normalización, desde los fabricantes de materiales hasta los constructores y usuarios. Una vía para alcanzar este objetivo de una huella de carbono cero o neutro es a través de la actuación combinada, denominada 5C, que se refiere a la actuación en cinco sectores: clínker, cemento, hormigón (concreto), construcción y (re) carbonatación (figura 6).

En relación con la acción clínker de cemento Portland, ya se ha indicado la necesidad de emplear materias primas alternativas al crudo de cemento (principalmente descarbonatadas), así como de combustibles alternativos (la mayoría de ellos residuos o subproductos). Este proceso se lleva implantando desde hace años y se incrementará en el futuro. Esta actuación no solo reduciría la huella de carbono, sino que ayudaría a valorizar y reutilizar diferentes residuos y subproductos industriales, así como a acercarnos al objetivo de la economía circular en este sector. En la actualidad, en España se sustituye un 5% de las materias primas tradicionales de clínker por materias primas alternativas, porcentaje que debe ser más alto en el futuro.

FIGURA 6
Estrategia 5C.

FUENTE: OFICEMEN (2020).

En cuanto a los combustibles alternativos, en España, el nivel de sustitución de los combustibles fósiles convencionales por otros alternativos está en torno al 36% (siendo las biomasas vegetales uno de ellos); nuevamente, en este punto hay margen de mejora, como lo demuestran otros países del norte de Europa donde la sustitución supera el 60%. En ambos casos, en el empleo de materias primas y combustibles alternativos (especialmente cuando son residuos o subproductos industriales) hay que tener en cuenta aspectos importantes antes de su implantación definitiva:

• Garantías de seguridad y salud para los trabajadores y vecinos de la zona.

- Óptimo comportamiento ambiental. No generación de nuevos impactos ambientales ni emisiones ni nuevos residuos. Gestión adecuada de los residuos.
- Control de la calidad del proceso y de los productos (clínker y cemento). Viabilidad del proceso. Influencia en la composición y comportamiento de los clínkeres y cementos obtenidos. Determinación de elementos pesados y lixiviaciones. Control de emisiones. Compatibilidad con el proceso normal de producción.

Las mejoras en la eficiencia energética y de emisiones en las fábricas es otro aspecto a considerar, aunque bien es cierto que, a nivel europeo, las plantas de cemento tienen muy optimizado sus procesos para mejorar la eficiencia energética. La utilización de energías más limpias, como las basadas en hidrógeno y electrificación, también son otros de los puntos a considerar.

En relación con la acción cemento, las actuaciones pueden ser muy variadas y algunas conectadas directamente con el factor clínker. Se pueden concretar, principalmente, en los siguientes aspectos:

- Reducción en el contenido de clínker en el cemento.
- Preparación de cementos a partir de clínkeres con menor huella de carbono.
- Preparación de cementos alternativos al cemento Portland.

Todo lo anterior sin olvidar la optimización de los procesos industriales (utilización de energía de diferente origen) y la utilización de medios de distribución y transporte más neutros y con menos emisiones.

La reducción del contenido de clínker en el cemento es posiblemente el método más eficaz de reducir el CO_2 en su producción, ya que cubre tanto las reducciones de este gas asociadas a las materias primas y al combustible. Desde hace años, la sustitución del clínker por adiciones activas se ha incrementado hasta llegar a un valor más o menos constante, alrededor del 20-25%.

Hay que tener en cuenta la disponibilidad de materiales o adiciones activas y también que con el aumento de estas en la composición del cemento se reducen las resistencias mecánicas a primeras edades, tal y como se ha indicado en capítulos anteriores, además de cierta incertidumbre del comportamiento a edades más avanzadas. Sin embargo, esta es una vía que se sigue explorando y potenciando, y ello se demuestra por las nuevas normas europeas (EN-197-5, EN-197-6) en las que se admite hasta un 50% de sustitución del clínker por otros materiales. Es una línea de investigación actual que busca encontrar materiales de origen natural (en especial arcillas calcinadas que no tienen que ser de alta pureza en caolín) o artificial, que tengan alta disponibilidad y reactividad, para emplearse como adiciones activas aptas para sustituir parcialmente al clínker en la composición final de los cementos Portland.

Entre estos cementos con bajos contenidos en clínker merece una atención especial los denominados LC³ (*limestone, calcined clay cement*), que pueden contener tan solo un 50% de clínker, con arcillas calcinadas (alrededor de un 30%), calizas (alrededor de un 15%) y yeso (en un 5%), que son materiales de origen natural de elevada disponibilidad en el mundo. Estos cementos se están utilizando para preparar hormigones, y con ellos construcciones, en India y Cuba.

En términos generales, son cementos que desarrollan buenas resistencias mecánicas incluso a edades cortas, pero precisan aditivos para mejorar su comportamiento en estado fresco. Respecto a su comportamiento durable en el tiempo, los estudios recientes demuestran su estabilidad frente a sulfatos y cloruros, aunque es más cuestionable frente a la carbonatación y ciclos hielo-deshielo. Es un cemento con muchas y buenas proyecciones de futuro que está siendo estudiado por la comunidad científica y el sector cementero.

Respecto a preparar cementos con clínker con menor huella de carbono, se está hablando de diferentes tipos de cementos, algunos comerciales, pero en general todos ellos tienen en común que esos clínkeres tienen un menor contenido en alita o silicato tricálcico y mayor contenido en silicato bicálcico o belita. Estos cementos de tipo belítico tienen evidentes ventajas medioambientales (entre ellas, obviamente, la menor huella de carbono y energía):

- A mayor contenido de belita en el clínker, menor contenido de caliza en la composición del crudo (recordemos que la alita precisa 3 moles de óxido de calcio para formar el silicato tricálcico, mientras que la belita precisa 2 moles de óxido de calcio para formar belita). Por tanto, si hay menor caliza en el crudo habrá menos emisiones de CO_2 a la atmósfera tras su calcinación.
- La formación de belita en el horno de cemento se produce a temperaturas en torno a los 1100 °C, frente a los 1450 °C necesarios para la formación de alita.

La principal desventaja es que el desarrollo resistente de los cementos belíticos es, a edades cortas, más lento, debido a la menor reactividad con el agua de la fase belita en comparación con la alita. La solución ha pasado por la preparación de cementos belíticos a los que se les adiciona otro componente de mayor reactividad con el agua, y ese componente es la denominada yelemita. Cementos basados en fase belita, fase yelemita y fase ferrítica (ferritoaluminato tetracálcico) se denominan cementos de sulfoaluminato belíticos, existiendo una gama muy variada de estos cementos dependiendo de cuál sea la fase mayoritaria, la belita o la yelemita.

Estos cementos de sulfoaluminato belíticos se producen en hornos rotatorios pequeños y la composición del crudo es variable dependiendo de la composición final del clínker que se desee (bajo o alto contenido en belita y yelemita), pero, en términos generales, está formada por calizas, bauxitas, arcillas y yeso. En muchos casos, debido a que alguno de estos componentes es caro, se utilizan también residuos o subproductos en el crudo, como cenizas volantes de central térmica, yesos fosfatados, etc. La temperatura de clinkerización no debería superar los 1350 °C.

Estos cementos se llevan produciendo desde hace tiempo en China (donde están normalizados) y algunas cementeras europeas ya lo están produciendo. Los resultados obtenidos muestran que los hormigones de sulfoaluminato tienen un comportamiento comparable a los del Portland, aunque, hasta el momento, no son competitivos con estos. Se caracterizan por una buena estabilidad frente a medios sulfáticos y agua de mar, pero aún es preciso estudiar más la evolución resistente y durable de estos cementos y hormigones alternativos. Su empleo es limitado y centrado en ámbitos no estructurales.

Finalmente, entre los cementos alternativos al cemento Portland, exentos de este o con contenidos inferiores al 30%, se encuentran los denominados cementos alcalinos, cementos activados alcalinamente o geopolímeros, en los que los investigadores e investigadoras del Instituto de Ciencias de la Construcción Eduardo Torroja somos pioneros mundiales.

Los cementos activados alcalinamente o geopolímeros son una familia de conglomerantes hidráulicos, diferentes de los tradicionales cementos Portland, que están formados básicamente de dos componentes: un precursor (aluminosilicatos) y un activador alcalino para asegurar una elevada alcalinidad en el sistema. La naturaleza de esos precursores y activadores define las diferencias sustanciales existentes entre los distintos cementos activados alcalinamente.

El precursor en los cementos activados alcalinamente tiene el papel de esqueleto y estructura inicial en el sistema que, en el medio fuertemente alcalino que aporta el activador, se tiene que disolver parcial o totalmente, de manera que las especies disueltas acaben coagulando, con la precipitación posterior de los productos de reacción (o activación) de naturaleza cohesiva, responsables de las características resistentes y durables del producto final. La naturaleza de los precursores puede ser muy amplia, tanto desde el punto de vista de su origen (natural o artificial) como de su composición (ricos o pobres en calcio). Pueden ser arcillas térmicamente activadas alcalinamente (como es el caso del metacaolín), pero en la gran mayoría de estos cementos alcalinos o geopolímeros los precursores son residuos o subproductos industriales, tales como las escorias vítreas de horno alto, cenizas volantes silicoaluminosas (o mezclas de ambas). También se pueden emplear otros precursores basados en residuos (tipo cenizas de cáscara de arroz), residuos vítreos, residuos urbanos, de demolición y construcción, catalizadores de FCC usados, residuos cerámicos mezcla de diferentes precursores, etc., lo que hace que estos materiales activados alcalinamente puedan tener composiciones y comportamientos muy variados, de ahí que se hable de una "familia de conglomerantes".

Según la composición química y mineralógica de los precursores y la presencia o no de cemento Portland en la composición del cemento alcalino, se pueden considerar tres grandes grupos de conglomerantes activados alcalinamente:

- Grupo A. Cementos activados alcalinamente (exentos de cemento Portland) procedentes de precursores con altos contenidos en calcio (ejemplo típico las escorias vítreas de horno alto).
- Grupo B. Cementos activados alcalinamente (exentos de cemento Portland) procedentes de precursores con bajos contenidos en calcio (ejemplo típico las cenizas volantes ricas en silicio y aluminio de central térmica de carbón).

- Grupo C. Cementos híbridos (hasta un 30% de cemento Portland), que a su vez pueden proceder de precursores con altos o bajos contenidos en calcio (tipos A y B).

Como ya se ha indicado, los precursores no tienen por qué ser residuos o subproductos industriales. Gran cantidad de arcillas, abundantes y presentes en cualquier parte del planeta, y por lo tanto de elevada disponibilidad tras un tratamiento térmico o mecánico, pueden ser precursores muy válidos en la preparación de cementos y hormigones alcalinos.

Los requerimientos básicos de estos precursores, al igual que aquellos basados en residuos, son elevados contenidos de silicatos y aluminosilicatos en fases amorfas o vítreas de alta reactividad.

Respecto al activador alcalino (que puede ser sólido o líquido), su misión es asegurar un pH fuertemente básico en el medio. Es preciso que los activadores alcalinos generen pH mayor que 13, capaces de disolver al precursor (o mezcla de precursores) y dar lugar a una condensación, coagulación y precipitación de productos de reacción laminares o tridimensionales de alta compacidad y resistencia. Entre los activadores alcalinos, aparte de las disoluciones más convencionales de hidróxidos de sódico y potasio o silicatos alcalinos hidratados, también se pueden emplear residuos (como cenizas de biomasa y residuos vítreos) en su preparación.

La preparación de las pastas, morteros y hormigones de cementos activados alcalinamente es muy similar a la que se emplea en preparar los materiales de cemento Portland. Dependiendo de la forma en la que se encuentre el activador alcalino (líquido o sólido), se pueden considerar dos grandes tipos:

1. Si el activador está en forma líquida, este actúa como líquido de amasado (en lugar del agua, en los sistemas de cemento Portland), y se generan pastas y hormigones que se pueden denominar *double-part alkali-activated materials*.

2. Si el activador está en forma sólida, el amasado de la mezcla se realiza con agua, de modo similar a los sistemas de cemento Portland. En ese caso, las pastas y hormigones se denominan *one-part alkali-activated materials*.

Se ha estudiado exhaustivamente la influencia del precursor y del activador alcalino (líquido y sólido) sobre los desarrollos microestructurales de sus pastas y su influencia en el comportamiento en estado fresco y endurecido de sus hormigones. En términos generales, estos cementos y hormigones alcalinos se caracterizan por desarrollar elevadas resistencias iniciales (>30 MPa a las 24 horas) y un mejor comportamiento frente a medios ácidos, a altas temperaturas y a ciclos hielo-deshielo que los correspondientes hormigones de cemento Portland.

Los morteros y hormigones que se prepararan con estos cementos activados alcalinamente tienen una aplicación efectiva en prefabricados, como traviesas de ferrocarril, bloques para tabiquería, mobiliario urbano, etc., además de en pavimentos y pasarelas. Hay construcciones de este tipo realizadas con estos hormigones alternativos en Australia, China y Rusia.

Existen evidencias de su uso en la preparación de hormigones estructurales en la antigua Unión Soviética, pero su empleo, en la actualidad, está muy limitado. También hay estudios avanzados que avalan el empleo de pastas de estos cementos activados alcalinamente o geopolímeros como inmovilizadores de residuos nucleares, con comportamientos comparables o mejores a los basados en cemento Portland. Estudios recientes han demostrado cuantitativamente que estos hormigones tienen un efecto positivo en la reducción del calentamiento global, pudiendo llegar a reducir la huella de carbono entre 50-60%, dependiendo de la naturaleza del precursor y sobre todo del activador alcalino.

En relación con la acción hormigón (concreto), las actuaciones van dirigidas a preparar hormigones con cementos con menor huella de carbono (como los descritos en párrafos anteriores), en donde la digitalización y el diseño óptimo de mezclas es fundamental, o bien a disminuir el contenido de cemento en los mismos, sin perder las prestaciones mecánicas y durables. Además, es importante, también, reducir el contenido de agua en la preparación de los cementos, ya que ese elemento líquido es escaso y hay acciones directas, algunas de ellas dentro del ODS 6 (Agua limpia y saneamiento). Solo el 2,5% del agua del planeta es dulce, de la cual un 69% se encuentra en glaciares y hielos, un 30% en aguas subterráneas, un 0,7% en permafrost y tan solo un 0,3% en lagos y ríos, la fuente principal usada para el consumo humano diario.

El hormigón utiliza mucha agua en su preparación y es preciso controlar y reducir este elemento básico todo lo posible. La vía más factible de preparar hormigones con menor contenido en cemento y agua es empleando aditivos superplastificantes, que reducen el agua de amasado manteniendo la trabajabilidad y facilitando la puesta en obra. Estos aditivos de última generación, basados en policarboxilatos y fosfatos, permiten añadir el agua necesaria casi en exclusiva para que las reacciones de hidratación de las fases de cemento tengan lugar. Esto daría lugar (pese a la reducción en el contenido de cemento) a hormigones muy densos y poco porosos y, por tanto, con elevadas resistencias mecánicas y buen desempeño frente a medios agresivos (durabilidad).

Por supuesto, también es importante alargar en el tiempo la vida útil de las estructuras de hormigón, realizando obras muy bien ejecutadas y resistentes que reduzcan, además, los trabajos de mantenimiento y reparación. Estos aspectos también contribuirían a alcanzar objetivos de sostenibilidad en el sector.

Cuando una estructura de hormigón finaliza su vida, se generan unos residuos de deconstrucción o demolición. Desde hace algunas décadas, se están reutilizando estos residuos de construcción en la preparación de nuevos hormigones, principalmente como áridos reciclados.

Los residuos de construcción y demolición (*construction and demolition waste*, CDW) son una mezcla muy diversa de materiales procedentes de la demolición de obras construidas (hormigón, ladrillo, yeso, vidrio, cerámica, plástico, suelos, etc.) y que, en términos generales, son residuos inertes en más de un 98%. En la Unión Europea se generan anualmente más de 800 millones de toneladas de CDW y su utilización es muy variable dependiendo del país. Por ejemplo, en los Países Bajos reutilizan todos los CDW que se generan, mientras que en Grecia lo envían todo a vertederos. En España, se tiende a reutilizar alrededor del 70%.

Estos áridos reciclados basados en CDW se caracterizan por tener una elevada heterogeneidad química y mineralógica, además de una mayor porosidad y absorción de agua que los áridos naturales (silíceos o calcáreos). Estas diferencias implican que su uso esté limitado. De acuerdo con el Código Estructural, en su Anejo 15, se limita el empleo de áridos reciclados a sustituir solo hasta un 20% del árido grueso. Con esta limitación, las propiedades finales del hormigón reciclado no se ven prácticamente afectadas.

Los áridos reciclados de hormigón suelen tener adherido mortero de cemento, lo que les induce una elevada porosidad y, por tanto, una elevada absorción de agua durante el amasado. Su empleo en la preparación de hormigones, en contenidos superiores al 20% antes indicado, va a requerir de una relación agua/cemento elevada, lo que se traduce en una disminución de las resistencias mecánicas y del módulo elástico, una mayor deformación y fluencia, y, en definitiva, una mayor permeabilidad y durabilidad del hormigón final. El empleo de este árido reciclado incide directamente en la sostenibilidad y en alcanzar un "hormigón verde", pero deben tenerse en cuenta todas las consideraciones técnicas relacionadas con su uso para que las propiedades finales del hormigón no se vean negativamente afectadas.

Con respecto a la acción construcción, hay que tener en cuenta que, además de los materiales de construcción, hay otras muchas actuaciones que realizar para obtener una construcción más sostenible. Se entiende como "construcción sostenible" a ese modo de construcción basado en el respeto al entorno y al medioambiente, que implica el uso eficiente de la energía, el agua, los recursos y los materiales no perjudiciales. En definitiva, es una construcción más saludable y con reducción de impactos ambientales, y recoge todas aquellas actuaciones que permiten satisfacer las necesidades del presente sin comprometer las del futuro y sus generaciones. Por tanto, la eficiencia energética en las edificaciones y construcciones son aspectos muy relevantes a considerar. Entre el 80 y el 90% de los impactos ambientales de un edificio suceden durante su fase de uso. El 72% de las emisiones totales de CO_2 relacionadas con un edificio medio provienen de la energía utilizada durante su vida útil.

Dependiendo de dónde estén situados, los edificios construidos consumen entre un 20 y un 50% de recursos naturales (piedra, madera, agua, combustibles fósiles, etc.). Durante su construcción, su uso y su deconstrucción (cuando ya no son necesarios o están envejecidos o fuera de uso) son también causa de emisiones elevadas de gases de efecto invernadero, consumos de energía, agua y otros materiales, además de generadores de nuevos residuos. Esto significa que hay que ir hacia procesos constructivos más racionales que impliquen menos consumo de energía, agua y recursos naturales, y que también se busquen vías para reciclar, recuperar y reusar los residuos que se generen. Construcciones verdes en las que se empleen residuos o subproductos como materias primas, procesos más tecnificados que aseguren condiciones óptimas desde el punto de vista energético y de emisiones. Utilizar más zonas verdes o construcciones con fachadas vegetales puede favorecer la reducción de emisiones y la huella de carbono.

Finalmente, en la acción de (re)carbonatación hay mucha investigación pendiente (al igual que en las anteriores cuatro acciones). El clínker, el cemento Portland y sus morteros y hormigones son materiales porosos cuyo elemento principal es el calcio. Es muy factible, y está demostrado científicamente, que en el hormigón es posible un proceso de carbonatación por la interacción del CO_2 con algunos compuestos del mismo. Se estima que aproximadamente el 20% del CO_2 emitido en la fabricación del clínker se puede reabsorber en forma de carbonatos en el hormigón. Es decir, esto hace que las estructuras de hormigón actúen, en parte, como sumideros de dióxido de carbono, dando un valor añadido al cemento y hormigón. Además, al final de la vida útil del hormigón, este, triturado, puede absorber hasta un 3% adicional de CO_2. Sin lugar a dudas, se tienen que llevar a cabo más investigaciones en este sentido.

El futuro en el ámbito de la investigación e innovación en cementos y hormigones es desarrollar materiales más versátiles, con mejores prestaciones (algunas muy específicas) y mucho más sostenibles. En este reto se encuentra tanto la comunidad científica mundial como el grupo de la Química del Cemento del Instituto de Ciencias de la Construcción Eduardo Torroja del CSIC y el propio sector cementero, tanto a nivel nacional como internacional.

Bibliografía

AHMAD, J. *et al.* (2021): "A Step towards Sustainable Self-Compacting Concrete by Using Partial Substitution of Wheat Straw Ash and Bentonite Clay Instead of Cement", *Sustainability*, 13(2).

BEN HAHAA, M.; WINNEFELD, F. y PISCH, A. (2019): "Advances in understanding ye'elimite-rich cements", *Cement and Concrete Research*, 123, 105778.

CAIJUN, S.; QU, B. y PROVIS, J. L. (2019): "Recent progress in low-carbon binders", *Cement and Concrete Research*, 122, pp. 227-250.

CHATTERJEE, A. y SUI, T. (2019): "Alternative fuels - Effects on clinker process and properties", *Cement and Concrete Research*, 124, 105777.

ESBERT, R. *et al.* (1991): "Rock as a construction material: durability, deterioration and conservation", *Materiales de Construcción*, 41(221), pp. 61-73.

FERNÁNDEZ CÁNOVAS, M. (2013): *Hormigón*, Madrid, Garceta y Colegio de Ingenieros de Caminos, Canales y Puertos.

GAMA-CASTRO, J. E. *et al.* (2012): "Arquitectura de tierra: el adobe como material de construcción en la época prehispánica", *Boletín de la Sociedad Geológica Mexicana,* 64(2), pp. 177-188.

GARCÉS, P. (2021): *Procesos de degradación físico-químicas en estructuras de hormigón armado,* Alicante, Universidad Alicante.

GARCÍA DÍAZ, I. (2010): *Obtención de cementos eco-eficientes a partir de residuos cerámicas como materia prima alternativa,* tesis doctoral, Universidad Autónoma de Madrid.

GARCÍA ORTEGA, M. y BENEDETTI RUIZ, S. (2021): *La madera como material para la construcción: mitos, realidades y oportunidades,* Documento de Divulgación nº 63, Chile, Instituto Forestal.

GOPALAN, A. *et al.* (2020): "Recent Progress in the Abatement of Hazardous Pollutants Using Photocatalytic TiO2-Based Building Materials", *Nanomaterials,* 10, 1854.

HUANG, B. *et al.* (2020): "A Life Cycle Thinking Framework to Mitigate the Environmental Impact of Building Materials", *One Earth,* 3.

LEA, F. M. (1998): *Lea's chemistry of cement and concrete,* Londres, Peter C. Hewlett.

MARTÍNEZ RAMÍREZ, S. (1995): *Desarrollo de nuevos morteros de reparación resistentes al ataque biológico. Empleo de sepiolita como material soporte de los biocidas,* tesis doctoral, Universidad Complutense de Madrid.

METHA, P. *et al.* (2005): *Concrete. Microstructure, Properties and Materials,* Nueva York, McGraw Hill Professional.

MINISTERIO DE FOMENTO (2016): *Instrucción para la recepción de cementos (RC-16),* Madrid, Ministerio de Fomento, edición revisada en 2023.

NEVILLE, A. M. (2011): *Properties of Concrete,* Essex, Pearson Education Limited.

OFICEMEN (2020): *Hoja de ruta de la industria cementera española para alcanzar la neutralidad climática en 2050,* Madrid, Oficemen.

PROVIS, J. L. y VAN DEVENTER, J. S. J. (2014): *Alkali activated materials. State-of-the-art Report. Rilem tc 224-AAM*, Dordrecht, Springer.

PUERTAS, F.; ALONSO LÓPEZ, M. M. y PALACIOS, M. (2009): *Aditivos para el hormigón: Compatibilidad cemento-aditivos basados en policarboxilatos,* Madrid, Consejo Superior de Investigaciones Científicas.

— (2020): "Construcción Sostenible. El papel de los Materiales", *Material-ES,* 4(4).

PUERTAS, F.; BLANCO-VARELA, M. T. y PALOMO, Á. (1994): "Estucos y hormigones romanos de la ciudad de Baelo Claudia (Cádiz): Caracterización y causas de deterioro", *Materiales de Construcción,* 44(236), pp. 15-29.

PUERTAS, F.; DÍAZ-BAUTISTA, M. A.; MARTÍNEZ, R.; PAYÁ, J. y ALAEJOS, P. (1994): "Decay of Roman and repair mortars in mosaics from Italica, Spain", *The Science of the Total Environment,* 153, pp. 123-131.

— (2015): *Retos en la Industria del Cemento,* Madrid, ACHE.

SCHNEIDER, M. (2019): "The cement industry on the way to a low-carbon future", *Cement and Concrete Research,* 124, 105792.

TAYLOR, H. F. W. (1978): *La Química de los Cementos,* vols. I y II, Bilbao, Urmo S. A.

UĞURLU SAĞIN, E.; ENGIN DURAN, H. y BÖKE, H. (2021): "Lime mortar technology in ancient eastern Roman provinces", *Journal of Archaeological Science: Reports,* 39, 103132.

VAN BALEN, K.; BLANCO-VARELA, M. y TOUMBAKARI, E. (2002): *Environmental deterioration of ancientand modern hydraulic mortars,* Bruselas, Comisión Europea.

VAN HEES, R. P. J. (1998): *Evaluation of the performance of surface treatments for the conservation of historic brick masonry,* Bruselas, Comisión Europea.

VAN ZIJL, G. P. A. G.; PAUL, S. C. y TAN, M. J. (2016): "Properties of 3D printable concrete", *2nd International Conference on Progress in Additive Manufacturing (Pro-AM 2016),* Singapur.

Títulos de la colección
¿Qué sabemos de?